# 中国森林资源和生态状况综合监测研究

Research on Integrated Monitoring Forest Resources and Ecological Status in China

肖兴威　等编著

中国林业出版社

China Forestry Publishing House

# 图书在版编目（CIP）数据

中国森林资源和生态状况综合监测研究／肖兴威 等编著. —北京：中国林业出版社，2007.6

ISBN 978-7-5038-4804-9

Ⅰ.中… Ⅱ.肖… Ⅲ.①遥感技术—应用—森林资源调查—研究—中国②遥感技术—应用—生态环境—环境监测—研究—中国 Ⅳ.S757.2 X171

中国版本图书馆CIP数据核字（2007）第078692号

**中国林业出版社·环境景观与园林园艺图书出版中心**
Tel: 66176967    66189512      Fax: 66176967

出　　版：中国林业出版社（100009　北京西城区德内大街刘海胡同7号）
网　　址：www.cfph.com.cn
E - m a i l：cfphz@public.bta.net.cn    电话：(010) 66184477
发　　行：新华书店北京发行所
印　　刷：北京中科印刷有限公司
版　　次：2007年6月第1版
印　　次：2007年6月第1次
开　　本：787mm×1092mm　1／16
印　　张：10
字　　数：270千字
印　　数：1～3000册
定　　价：80.00元

# 序

　　森林是人类文明的摇篮,是人类和多种生物赖以生存和发展的基础。作为陆地生态系统的主体,森林不仅有巨大的木质、非木质林产品再生产能力,而且具有稳定强大的调节气候、涵养水源、保持水土、净化环境、防灾减灾、丰富生物多样性等生态功能。合理利用资源和保护生态环境,既是履行《21世纪议程》等有关国际公约的实际行动,也是我国实施可持续发展林业战略的主要任务。

　　森林资源的数量和质量是决定森林生态系统服务功能的关键指标,也是生态状况优劣的重要评判指标。因此,在林业和生态建设中,森林资源与生态状况监测是一项十分重要的基础性工作,为国家制定政策、科学决策、建立国土生态安全体系、评价林业工程和生态建设成效、提升林业经营管理水平、开展国际合作与交流等提供着重要的信息支撑。

　　世界各国对森林资源与生态状况监测工作都十分重视,不仅有国家监测体系,还有地方性和跨区域的监测体系。联合国教科文组织1970年在第16届大会决议中决定实施生态监测计划,其后联合国环境规划署(UNEP)、联合国粮食与农业组织(FAO)、国际自然资源保护同盟(IUCN)先后逐渐开始了生态监测。国外一些林业发达的国家也开展了森林资源与健康状况监测,并逐渐呈现出监测目标多元化、组织管理一体化、方法手段现代化、分析评价综合化、信息服务多样化、保障措施制度化等特点。我国林业监测必须对此予以足够的重视,森林资源与生态状况监测是《森林法》赋予林业部门的重要职责,也是中共中央、国务院《关于加快林业发展的决定》赋予各级政府的重要使命。随着人类对森林资源及其功能认识的不断提高,科学技术的快速发展,社会需求的日益丰富,实施森林资源与生态状况综合监测体系建设迫在眉睫。

　　《中国森林资源和生态状况综合监测研究》一书,博采众家之长,在回顾、总结、借鉴与发展中,独树一帜。本书深刻地阐述了中国森林资源与生态状况综合监测体系建设的重要意义,全面系统地总结、分析了国内外相关监测体系建设的现状,全方位剖析了信息供需现状和存在问题的基础上,根据我国的国情和林情,提出并构建了中国森林资源与生态状况综合监测体系建设的总体思路和基本框架,为我国森林资源与生态状况综合监测体系建设奠定了理论基础,这是中国林业监测史上的一次创新与突破,必将对我国今后森林资源与生态状况监测的发展产生积极的推动作用。

雷加富

2007年6月

# 前　言

资源与环境是人类生存和社会可持续发展的基础。我国政府已把合理利用资源，保护和改善生态环境，实施可持续发展战略作为必须长期坚持的基本国策。进入21世纪，我国林业已进入由木材生产为主向生态建设为主的历史性重大转变时期，中共中央、国务院《关于加快林业发展的决定》，明确提出："在贯彻可持续发展战略中，要赋予林业以重要地位；在生态建设中，要赋予林业以首要地位；在西部大开发中，要赋予林业以基础地位。"因此，改善生态环境、加强生态建设、维护生态安全已成为新世纪经济社会发展对林业的又一重要需求。

林业监测必须适应和满足新时期林业和生态建设的需要。我国林业监测工作从1953年东北国有林区开展森林经理调查开始，经历了从无到有、从小到大，从单一的森林面积、蓄积资源调查到多资源监测的发展过程。根据目前林业各类监测的内容和侧重点不同，大体可分为6大类：森林资源、荒漠化（沙化）及石漠化土地、湿地资源、野生动植物资源、森林生态定位监测和森林火灾监测及森林病虫鼠害监测、森林资源管理核（调）查等专项监测。由于各类监测工作是随着社会经济的发展和林业与生态建设的需要而逐渐开展的，因此，目前基本形成了各成一体、手段各异、标准不一、相对独立的格局，导致采集的信息关联性弱、可比性差，时效性不同、协调性不好等，难以形成较高的综合分析评价能力，难以全面满足各级林业主管部门和社会各界对生态状况综合信息的需求，建立森林资源与生态状况综合监测体系势在必行。

国外林业发达国家的森林资源监测也在向综合化发展。如美国的森林资源与健康监测是由20世纪20年代末至30年代初的全国森林资源清查演变而来的，经历了由以森林面积和蓄积为主的单项监测到多资源监测，再到森林资源与健康监测三个阶段，直到1998年将森林资源监测与森林健康监测进行了综合，设计了新的森林资源与健康综合监测体系，基本完成了由多资源监测到森林资源与健康监测的转变。

如何建立符合中国国情和林情的森林资源与生态状况综合监测体系，已经成为森林资源管理工作的一项重要而紧迫的任务。为了全面系统地研究综合监测体系建立的重要意义、理论基础、建设思路、组织和技术框架等，为实施综合监测奠定基础，国家林业局森林资源管理司结合国家林业局重点科研课题"全国森林资源综合监测体系建设研究"，组织了国家林业局中南林业调查规划设计院、国家林业局调查规划设计院、国家林业局华东林业调查规划设计院、国家林业局西北林业调查规划设计院、中国林业科学研究院和北京林业大学等6个单位的技术人员进行了研究，并最终编著完成了本专著。

本书内容共分为7章。第一章：绪论，简述了森林资源监测体系发展概况、综合监测体系建设的重要意义和现实条件；第二章：综合监测的内涵及理论基础；第三章：国内外相关监测体系状况，阐述国外林业监测和国内的国土资源监测、水土保持监测和环境监测体系的现状和特点；第四章：森林资源与生态状况信息需求分析，系统分析了国际合作与交流、国家宏观决策、林业发展与生态建设、相关行业与社会公众等四个层面对森林资源与生态状况的信息需求；第五章：我国林业监测体系现状与问题分析，全面分析了我国林业监测体系的现状和特点，并从体系建设和信息供需两个方面分析了现有林业监测存在的问题；第六章：综合监测体系建设的总体思路，提出了综合监测体系建设的指导原则、建设目标和建设思路；第七章：综合监测体系建设的基本框架，从组织体系和技术体系两个方面着手，构建了综合监测体系建设的总体框架。

在课题的研究过程中，得到了唐守正院士、董乃钧教授等24位咨询专家的悉心指导和大力支持，在此一并表示衷心的感谢。

由于所研究的问题难度大，涉及领域广，加之作者水平有限，时间仓促，书中难免存在缺点和不足，敬请各位同仁批评指正。

2007年6月

中国森林资源和生态状况综合监测研究

# 目　录

中国森林资源和生态状况综合监测研究

Research on Integrated Monitoring Forest Resources and Ecological Status in China

# 第一章

## 绪论

　　森林资源和生态状况监测是林业发展和生态建设的一项十分重要的基础性工作。根据《森林法》"各级林业主管部门负责组织森林资源清查，建立资源档案制度，掌握资源变化情况"和《森林法实施条例》"国务院林业主管部门应当定期监测全国森林资源消长和森林生态环境变化的情况"的规定，森林资源和生态状况监测是各级林业主管部门的重要职责。50多年来，我国逐步建立了森林资源、荒漠化（沙化土地）、湿地资源、野生动植物资源、森林自然灾害以及森林生态系统定位观测等各类林业监测体系，森林资源和生态状况监测工作取得了巨大成就，为国家和地方制定与调整林业方针政策、规划、计划，监督检查各地森林资源消长目标责任制提供了重要依据。进入21世纪，中共中央、国务院《关于加快林业发展的决定》明确提出了林业"双属性"重要论断和"三生态"总体战略思想，我国林业正在经历由以木材生产为主向以生态建设为主的历史性转变。为了适应新时期林业发展的需要，我国的林业监测也正从以森林资源监测为主向森林资源和生态状况综合监测转变。因此，建立森林资源和生态状况综合监测体系已成为历史发展的必然选择。

# 第一节　概述

人类对自然的认知能力和方式随着历史的发展而变化。随着人类社会的发展，人们对森林与环境的认识经历了从简单到复杂、从表面到本质、从局部到整体的发展过程。随着林业经营管理思想和科学技术的发展，中国的森林资源和生态状况监测（调查）从新中国成立初期开始，到目前为止，已经历了从以服务于木材生产利用为目的，获取木质产品信息为主的森林经理调查、作业设计调查、专项调查等单项调查，到以服务于木材生产利用和生态建设为目的，同时获取木质产品信息和非木质产品信息，涉及森林资源、荒漠化、沙化土地资源、野生动植物资源、森林自然灾害及森林生态与环境等内容的多项调查与监测并存的发展过程，形成了门类齐全、自成体系、方法多样的调查与监测体系格局。

## 一、我国森林资源监测体系建设和发展概况

我国的森林资源监测工作是从1953年在国有林区开展森林经理调查开始，在20世纪60年代引入了以数理统计为基础的抽样技术，70年代在"四五"清查的基础上，开始建立全国森林资源连续清查体系。20世纪90年代以来，随着林业的发展和生态建设的日益加强，我国又陆续开展了森林防火、荒漠化、沙化土地资源、野生动植物资源、湿地资源、森林自然灾害以及森林生态环境定位观测等监测工作。为适应森林经营管理和林业建设发展的需要，1999至2003年开展的第六次全国森林资源清查增加了林木权属、病虫害等级等项内容，扩充了清查信息内涵。特别是2004年启动的第七次全国森林资源清查，为适应以生态建设为主的林业发展的需要，增加了反映森林生态、森林健康、土地退化等方面的指标和评价内容，遥感、GPS高新技术得到了深入广泛的应用。在监测机构建设方面，1989年林业部下发了《关于建立全国森林资源监测体系的通知》，开始在全国范围内建立由国家森林资源监测、地方森林资源监测和资源信息管理系统组成的全国森林资源监测体系，并在4个直属调查规划设计院的基础上设立了东北、华东、西北、中南4个区域森林资源监测中心，逐步形成了比较完善的森林资源监测机构。经过几十年的不懈努力，先后制定颁布了60多项森林培育、营造利用、资源监测的技术标准、规程和规范，基本形成了配套的调查监测制度，逐步形成了以国家森林资源连续清查（简称一类调查）为宏观监测，以专项核（检）查为补充，以地方森林资源规划设计调查（简称二类调查）为辐射的全国森林资源监测体系。

新中国成立以来，我国政府十分重视防沙治沙工作，并在20世纪90年代开展了全国沙漠、戈壁和沙化土地普查，随后分别在1994年、1999年和2004年完成了第一、二、三次全国荒漠化（沙化）监测工作。荒漠化监测在层次上分全国宏观监测、重点地区监测和典型地区定位监测3个层次。沙化土地监测包括国土的全部陆地范围，荒漠化监测范围包括干旱、半干旱和亚湿润干旱地区，分风蚀、水蚀、盐渍化、冻融荒漠化等4种监测类型。在技术方法上把地面抽样调查、图斑勾绘调查与遥感数据解译、GPS定位和GIS数据处理技术有机地结合在一起，取得了显著效果。

我国十分重视野生动植物和湿地保护，加入了《濒危野生动植物种国际贸易公约》、《湿地公约》等国际公约，成立了全国性野生动物和野生植物保护协会和湿地监测中心。为了查明资源情况，国家林业局多次组织了大熊猫、湿地、主要野生动物和野生植物等4项资源调

中国森林资源和生态状况综合监测研究

查。参照国际上野生动物调查的基本经验，结合我们国家的实际情况，采用常规调查和专项调查相结合的技术方法。同时，应用了遥感、地理信息系统、全球定位系统等技术，来弥补地面调查的不足，查清了全国主要野生动植物的数量、分布及生境状况、利用状况、管理及研究状况、影响资源变动以及湿地资源的类型、面积与分布、湿地的水资源状况、湿地利用状况等。

综合分析当前我国森林资源监测的发展状况，不难看出，其调查或监测的范围已基本涵盖了森林资源，即"森林、林木、林地以及依托森林、林木、林地生存的野生动物、植物和微生物"的范畴，并已逐步拓展到了荒漠生态系统、湿地生态系统等领域。从调查或监测的目标功能来看，也基本能分别满足林业相关管理部门的需求。然而，从科学发展观、构建和谐社会的要求和以林业可持续发展为目标的现代林业发展的需要出发，考察当前我国森林资源监测的发展状况，不难发现其在技术体系和组织管理方面仍然存在不少问题。

### 1. 技术体系问题

我国的森林资源监测已经历了50多年发展，其他各类林业监测也已分别形成了较为完备的技术体系，但综合分析和考察其技术体系，仍然存在一些问题：①各项监测目标单一，综合分析能力弱，不能满足新形势林业发展和参与全球资源评价的需要；②森林资源清查成果时效性差，与林业发展和生态建设的要求不相适应；③体系惯性大，抗干扰能力弱；④经费投入不足，科技进步较慢，新技术应用不充分；⑤国家级区域监测中心信息处理能力不强；⑥缺乏强有力的专家支持系统。

### 2. 组织管理问题

近10年来，随着林业发展和生态建设的需要，我国已逐步开展了对荒漠化土地、湿地、野生动植物、森林火灾、森林病虫害等与生态状况有关的专项监测工作。但是，由于各专项监测条块分割，主管部门不一，各自为政，逐渐暴露出一些问题：①造成人力、物力和财力的较大浪费，增加了监测成本；②整体监测工作不协调，数出多门，数据成果缺乏权威性；③难以形成统一的信息处理与综合评价能力，不适应新时期林业发展和生态建设的要求（肖兴威，2004年）。

总之，目前我国森林资源监测体系的各项监测目标单一、组织管理比较分散、技术标准不够统一、综合评价能力不足、组织保障体系不够健全等问题，已难以适应新形势下我国林业和生态建设的发展要求，更难以满足我国实施可持续发展战略、构建和谐社会的需要。

## 二、国际森林资源监测的发展趋势简述

20世纪70年代以前，大多数国家的森林资源清查与监测以森林面积和木材蓄积为重点，主要为木材生产和利用服务。此后，随着社会发展的需求，人们对森林的经济、生态、社会功能的认识不断提高，逐步出现了森林多资源清查的概念。如美国在20世纪70年代中期以后进行的森林多资源清查，就包括了野生动物资源、牧草资源、游憩资源、木材资源、水资源、自然保护区、矿产资源、其他资源(公园、风景河流、历史遗迹等)共8个主要方面。

进入20世纪80年代以后，由于环境问题的突显，人们逐渐意识到森林作为一种环境资源的重要意义，决策者们不论在地方或全球范围，都正在将国家级森林资源清查用于环境监测。如德国在原森林资源清查的基础上，于1984开展了第一次全国范围的以酸沉降危害为主的森林健康调查，以后每年在7～9月份都进行一次。80年代，欧洲成立了"空气污染跨国长期公约组织"，有德国、法国等8个国家参加。该组织决定从1985年起各国每年进行一次森林损害调查，

3

用于对整个欧洲的监测。由这一组织发起的"空气污染对森林的影响评价与监测国际协作规划"（ICP Forests），到1992年参与的成员国达到了34个。美国和加拿大也与"空气污染对森林的影响评价与监测国际协作规划"协作，在北美洲开展了森林健康监测，其中美国的森林健康监测体系由美国林务局、环境保护局、土地管理局等政府部门和各州林业部门共同组织实施。

20世纪80年代以来，由于资源与生态环境问题的困扰和对全球气候变化的关注，在全世界范围内进行了众多的生态与环境监测项目。一些国家便开始实施全国范围的生态监测规划，森林生态系统的监测与研究是这些项目的主要内容。较大的项目如在国家尺度上的有美国长期生态研究网络(LTER)，英国的环境变化监测网络(ECN)，加拿大的生态监测与分析网络(EMAN)；在区域尺度上有泛美全球变化研究所(IAI)，亚太全球变化研究网络(ENRICH)；在全球尺度上有全球生态监测系统(GEMS)，全球陆地观测系统(GTOS)，全球气候观测系统(GCOS)和全球海洋观测系统(GOOS)等，生态监测已成为当前生态环境科学研究的热点。

1992年1月，国际林业研究组织联盟(IUFRO)、联合国粮食与农业组织(FAO)等国际组织在泰国召开了森林资源清查与监测工作会议，并于1994年正式出版发行了《国际森林监测指南》。根据这一监测指南，涉及的监测因子包括土地利用、土地覆盖、土地退化、立地类型、土壤类型、地形、权属、可及度、生物量、木材蓄积、其他林产品、生物多样性、森林健康、野生动物、人为影响、流域等16大项，但不同层次的监测，其侧重点有所不同。在国家级和全球水平的森林监测中，土地利用、土地覆盖、生物量、生物多样性、森林健康等5项都是重要监测项目。另外，按监测对象的不同，可分为土地覆盖（利用）监测、森林资源监测、生物量监测、环境质量（森林健康）监测4类。因为每类监测各有侧重但又互为相关，一般很少单独进行，而是综合开展以服务于不同目的。

1992年6月，联合国环境与发展大会在巴西胜利召开，来自全世界100多个国家的政府首脑，共同签署了具有里程碑意义的《环境与发展宣言》等5个重要的国际性公约，作为人类社会对环境与发展领域合作的全球共识和最高级别的政治承诺，赋予林业以首要地位，表达了国际社会致力于改善全球生态环境的决心。鉴于森林是陆地生态系统的主体，在生态建设中发挥着重要作用，国际社会一直在努力推进国际森林问题的进程，继续国际森林的政策对话。联合国于1992年成立了可持续发展委员会，并于1995年成立了政府间森林问题工作组，1997年成立了后续的政府间森林问题论坛，2000年成立了隶属于联合国经社理事会的联合国森林论坛。可以说，国际森林问题的政策对话一直就没有间断过。

随着全球化进程迅速加快，森林问题全球化已是大势所趋。1997年第十一届世界林业大会的主题是"林业可持续发展——迈向21世纪"，为林业的发展指明了方向；2003年第十二届世界林业大会，其主题为"森林——生命之源"，更强调了森林在人类生存和社会发展中的主体作用，强调了人与自然的和谐相处。

综上所述，国际森林资源监测是从森林面积和木材蓄积监测，逐渐过渡到多资源或多功能监测，再向与林业可持续发展相适应的森林生态系统监测发展（肖兴威，2004）。

## 三、森林资源和生态状况监测体系建设研究

2003年6月，中共中央、国务院《关于加快林业发展的决定》明确提出，"建立完善的林业动态监测体系，整合现有监测资源，对我国的森林资源、土地荒漠化及其他生态变化实行动态监测，定期向社会公布"。为贯彻落实这一决定，适应林业又好又快发展和生态建设的

需要，把全国森林资源监测体系建成一个综合性、系统化、信息化、网络化的信息采集、信息管理和信息服务体系，国家林业局将森林资源综合监测体系建设研究列入2003年度重点科研项目计划(林科发[2003]213号)，国家林业局森林资源管理司下发了《关于开展全国森林资源和生态状况综合监测体系建设研究工作的通知》(资调[2003]50号)，要求采取有效措施，认真研究，大胆探索和改革，尽快建立起一个符合我国国情和林情、具有高效运行机制、合理指标体系、先进信息采集和质量控制方法、统一基础信息处理平台、规范信息管理和服务功能的监测体系，真正发挥其在促进林业又好又快发展、构建和谐社会和社会主义新农村建设中的重要作用。该项目由国家林业局森林资源管理司直接组织领导，并由国家林业局4个直属调查规划设计院和北京林业大学、中国林业科学研究院等单位的有关专家学者组成研究课题组，承担各子课题的研究工作，已于2005年6月完成，2006年10月通过国家林业局科技司组织的专家评审。

### （一）目的任务

充分了解国外林业监测和国内相关行业监测的现状和发展趋势，以及我国开展综合监测面临的挑战和存在的问题，找出我国林业监测体系建设与国外的差距，分析各层次、各类型的信息需求，研究提出我国综合监测体系发展的指导原则、建设目标和建设思路；在理顺国家与地方森林资源和生态状况综合监测关系的基础之上，构筑一个适合我国国情、林情的综合监测体系建设总体框架，为我国森林资源和生态状况综合监测体系建设指明方向。

### （二）研究内容

从法律政策、系统科学和林业发展理论等方面论述综合监测体系建设的依据，从国家制定政策和科学决策等多个方面论述综合监测体系建设的必要性，从现有监测资源、经济社会和现代科技发展等方面论述综合监测体系建设的可行性；分析美国、德国、瑞典等西方林业发达国家，以及国内国土资源、水土保持和环境保护等部门监测体系建设的现状和特点；从国际合作与交流、国家宏观决策、生态建设与林业发展、相关行业及社会公众等多个层面，分析我国森林资源和生态状况的信息需求；对我国林业监测体系的现状和特点进行研究，分析体系建设和信息供需方面存在的问题；按照先进性、科学性、系统性、前瞻性和兼容性的建设要求，研究提出综合监测体系建设的指导原则、建设目标和建设思路；以整合现有监测资源为基础，构筑一个适合我国国情、林情的综合监测体系建设的总体框架。

### （三）研究方法

综合监测体系建设框架研究直接关系到全国林业监测体系建设的发展方向，也与承担各项林业监测工作的3万余调查人员息息相关，从而引起了资源管理与林业监测领域的领导、专家、学者及专业技术人员的高度重视和积极参与。

全国综合监测体系建设框架研究属于软科学研究范畴，思想、观点和认识的统一是研究工作的重要任务，也是研究工作遇到的主要难题。为了圆满完成项目研究任务，采用了查阅资料、实地调研、座谈讨论、专家咨询、数据分析等多种形式，按照"研究、深入、统一，再研究、再深入、再统一"的基本方法开展研究工作。在研究过程中，各课题组累计举行的不同规模的各种形式的咨询会、研讨会、座谈会、统稿会达数十次，从"编写提纲"的形成，到最终成果的完成，共进行了9次较大的修改。

### （四）研究成果

在认真分析我国现行林业监测体系的现状和存在问题，查找与国内外相关监测体系的差距，分析各层次、各部门信息需求的基础上，吸纳我国现行林业监测体系、国内外相关监测体系建设的优点，依托高新技术的发展，首次提出了生态系统监测的思想，确定了综合监测体系建设的指导原则、建设目标和建设思路，构建了综合监测体系建设的总体框架。其中"将资源监测提升到生态系统监测"、"按监测方法整合我国现行各类林业监测项目"、"建立综合监测体系"、"集中式管理、分布式运作的数据管理模式"等新观点，为建设功能齐全、内容丰富、结构合理、组织协调的综合监测体系提供了切实可行的方法和途径。具体取得了以下几个方面的成果。

#### 1. 论证了综合监测与林业可持续发展的关系

通过研究综合监测与林业可持续发展的内在关系，围绕综合监测是林业可持续发展的基础、综合监测是林业跨越式和可持续发展的客观需要、体系建设要适应我国林业的可持续发展、林业可持续发展对综合监测提出了更高的要求等方面，论述了综合监测在林业可持续发展中的重要性和紧迫性，提出了建立综合监测体系是我国实施以生态建设为主的林业可持续发展战略的必然选择。

#### 2. 掌握了国际森林资源监测的现状与发展趋势

从组织管理、监测内容、监测方法、监测手段、技术装备等方面，较为全面地了解和分析了国际上主要发达国家的森林资源监测现状及其发展趋势，并根据我国的国情和林情，提出了加强我国森林资源监测体系建设的建议。

#### 3. 分析了我国森林资源监测的现状与问题

从我国已开展的森林资源监测、队伍建设和新技术应用等方面总结了我国森林资源监测所取得的成就，分析了森林资源监测体系建设的现状和存在问题，论述了综合监测体系建设面临的挑战。

#### 4. 提出了体系建设的总体战略思路

按照体系建设应适应国家经济社会、林业与生态建设发展的高度来研究综合监测体系的建设问题，而不局限在森林资源管理部门监测体系的优化完善，突破了部门界限，使体系建设范围涵盖了国家林业局所辖的森林资源、野生动植物、森林病虫害、森林防火、荒漠化（沙化、石漠化）、湿地以及生态定位监测等各项监测。项目研究明确了体系建设的总体战略思想和战略方针，提出总体战略目标和战略重点，为综合监测体系建设指明了方向。

#### 5. 构建了体系建设的总体框架

按照先进性、科学性、系统性、前瞻性和兼容性要求，提出了体系建设的基本原则，从综合监测与林业可持续发展战略相适应的高度，为综合监测体系建设构筑了一个科学的总体框架，规范了监测体系的运行方式，明确了各系统之间的关系，并根据综合监测体系建设现状和总体战略思想、战略目标和总体框架的要求，从组织保障、队伍保障、技术保障、经费保障等方面，提出了体系建设的保障措施，为编制体系发展规划和实施综合监测体系建设提供了坚实的理论和技术整合依据。

# 第二节 综合监测体系建设的重要意义

森林资源和生态状况综合监测是全面掌握森林资源与生态状况变化的有效手段。其监测成果是林业科学决策的重要依据，也是实施林业可持续发展战略、评价重点林业工程和生态建设成效、提升林业经营管理水平、履行国际公约和加强国际林业交流与合作等必须的基础信息。整合各项监测资源，建立完善的森林资源和生态状况综合监测体系，是我国林业监测工作的当务之急。

## 一、国家制定政策和科学决策的根本保证

国家制定林业方针政策和科学决策必须要以客观、真实、准确的森林资源与生态状况信息为基础，以科学的预见性为前提，以系统的全局观为准则。党中央、国务院高度重视资源与环境问题，把合理利用资源、改善生态状况、实现可持续发展作为我国的一项基本国策。森林的生态、社会、经济功能都取决于森林资源的数量、质量、分布及其健康状况。增加森林资源数量，提高森林资源质量，改善森林的空间分布及其健康状况，保证森林生态系统的生产力和长期健康稳定，是实现林业可持续发展的物质基础，也是实现人与自然协调发展的必备条件。为适应新时期促进林业发展、构建和谐社会和建设社会主义新农村的要求，只有建立科学、高效的森林资源和生态状况综合监测体系，增强宏观调控和微观管理的预见性、科学性、有效性，才能从林业和生态建设的整体出发，准确预测森林资源和生态状况的发展趋势，提供客观、及时和准确的森林资源与生态状况信息，为国家制定政策和科学决策提供根本保证。

## 二、建立国土生态安全体系的决策依据

建立以森林植被为主体、林草结合的国土生态安全体系，一是需要完善生态建设总体规划和林业重点工程规划，创新发展思路、发展体制和发展模式；二是要适应生态建设和市场变化，深化产权制度改革，推动林业产业重组，优化资源配置，加快森林资源培育；三是要在环境保护工作中实施环境容量总量控制，以环境容量控制生产过程的排放量，有效地减少环境污染。因此，森林资源和生态状况综合监测有利于全面、准确地掌握森林资源和生态状况的变化。通过综合监测体系建设，建立高效、顺畅的森林资源和生态状况的信息采集、更新、加工处理、传输、开发利用和服务的长效机制，准确掌握森林资源和生态状况的动态信息，为完善生态建设规划，加快森林资源培育，实施环境容量总量控制，建立以森林植被为主体的国土生态安全体系提供决策依据。

## 三、实施林业可持续发展战略的基本要求

林业可持续发展已经成为全球范围内广泛认同的林业发展方向，也是各国政府制定林业政策的重要原则。《关于加快林业发展的决定》确立了以生态建设为主的林业可持续发展道路，明确了林业在可持续发展中的重要地位。根据我国森林资源和林业发展的实际情况，实施林业可持续发展战略需要从全局、系统、综合、长远出发，处理好经济发展、社会进步、环境

保护和生态建设的关系，处理好局部利益和全局利益的关系，处理好不同空间尺度(景观、社区、区域、国家与全球)的关系，处理好近期、中期与长期发展的关系。只有把握和处理好这些关系，才能合理利用森林资源，保护和改善生态环境，促进林业又好又快发展。为此，必须建立完善的森林资源和生态状况综合监测体系，对森林资源和生态状况实施全局、系统、综合和长期的动态监测，以满足林业可持续发展的需要。

## 四、评价林业重点工程建设成效的必要手段

随着绿色GDP概念的提出和可持续发展观念的树立，国家非常重视林业发展和生态建设，并实施了一系列重点地区林业生态建设工程。目前，国家迫切需要及时掌握林业重点工程的实施成效。林业是生态建设的主体，林业重点工程是生态建设的长期和根本性保障，在保护和改善生态环境方面发挥着不可替代的作用，对林业重点工程进行动态监测与评价是生态建设的必然要求。开展林业重点工程动态监测与评价，可以全面认识森林的功能、效益及林业重点工程的作用，提高林业工程决策水平和建设效益，避免决策错误和资源破坏。因此，对林业重点工程进行监测与评价应是林业工程项目建设中一个不可缺少的重要环节。面对国家投资7000多亿元人民币的六大林业重点工程，如何监测和评价工程的进展和效益，直接关系到资金的合理使用、资源的保育，以及政府对未来行动的决策。因此，建立森林资源和生态状况综合监测体系，为各级政府和林业主管部门提供及时准确的监测信息，是评价林业重点工程和生态建设成效的必要手段。

## 五、提升林业经营管理水平的迫切需要

森林资源可持续经营是林业可持续发展的根本，森林经营管理是一切林业工作的核心，而森林资源监测是林业经营管理的基础。六大林业重点工程的全面实施，标志着我国林业已经从以木材生产为主向以生态建设为主转变。在新的林业形势下，面临着如何从森林资源监测到森林资源与生态状况综合监测、从一元总量控制到多元分量控制、从数量控制到质量控制的新挑战。开展森林资源和生态状况综合监测，可以获得森林资源和生态状况的动态信息，把握我国森林资源和生态状况的发展趋势，为加强林业经营管理、合理利用森林资源和改善生态状况提供科学依据。同时，为落实全社会办林业的基本方针，将监测成果公之于众，有利于倡导生态文明，提高公众参与意识，使社会公众全面参与生态建设和环境保护。因此，建立森林资源和生态状况综合监测体系，是加强森林资源管理、提升林业经营管理水平的迫切需要。

## 六、建立绿色GDP核算体系的重要基础

森林资源是经济与社会发展的重要物质基础。人类的生存与发展需要资源，特别是可再生的资源。我国在经济社会发展的过程中，伴随着资源的消耗、环境的污染和生态的破坏，经济的高速发展以付出巨额的生态成本为代价。因此，要对国民经济发展情况作出客观、真实的评价，就应将生态成本要素纳入到国民经济的核算体系中去。绿色GDP是对传统GDP的调整和完善，即从传统的GDP中扣除经济生产中投入的生态成本。绿色GDP本身包含着对森林生态效益的补偿机制，是对林业可持续发展和生态建设的有力支持。生态成本的核算需要有大量资源

与生态状况方面的综合信息做支撑。因此，开展森林资源和生态状况综合监测，及时获取森林资源与生态状况信息，可为我国绿色GDP核算体系的建立和完善奠定坚实基础。

## 七、推进中国林业国际合作进程的信息平台

森林是陆地生态系统的主体，是人类社会赖以生存的物质基础。森林资源的变化影响着地球的生态状况，同时也影响到区域经济的可持续发展。因此，保护森林资源，维护生态安全已经成为全人类的共识。近年来，联合国制定了《防治荒漠化公约》、《气候变化框架公约》、《生物多样性公约》、《湿地公约》、《世界遗产公约》、《濒危野生动植物种国际贸易公约》等一系列国际公约。我国是许多国际性公约的签约国，承担着维护、改善全球森林生态状况的重要职责。建立森林资源和生态状况综合监测体系，是我国切实履行国际公约、承担国际义务、积极推进我国林业国际化合作进程的需要，可以为我国参与全球森林资源评价和国际交流提供信息平台。

# 第三节 综合监测体系建设的现实条件

随着我国经济社会的快速发展和现代科技水平的不断提高，综合监测体系建设的经济和技术条件已经具备。依据《森林法》等法律的相关条款，以《关于加快林业发展的决定》精神为指导，充分利用现有的监测资源，建立森林资源和生态状况综合监测体系是现实可行的。

## 一、社会制度的不断完善为体系建设提供了政策和法律依据

森林资源和生态状况监测是开展森林经营管理工作的前提，是生态建设的基础性工作。为了加强森林经营管理工作，《森林法》明确规定"各级林业主管部门负责组织森林资源清查，建立资源档案制度，掌握资源变化情况。"《森林法实施条例》进一步要求"国务院林业主管部门应当定期监测全国森林资源消长和森林生态环境变化的情况"。为了加强生态建设与环境保护，防治土地荒漠化、沙化，《防沙治沙法》规定"国务院林业行政主管部门组织其他有关行政主管部门对全国土地沙化情况进行监测、统计和分析，并定期公布监测结果。"为了加强野生动物保护工作，《野生动物保护法》规定"国务院林业、渔业行政主管部门分别主管全国陆生、水生野生动物管理工作"，"野生动物行政主管部门应当定期组织对野生动物资源的调查，建立野生动物资源档案"。上述法律法规的具体规定，为综合监测体系建设提供了有力的法律依据。

改革开放以后，特别是进入21世纪以来，党中央、国务院比以往任何时候都更为重视林业工作。党的十六大把"可持续发展能力不断增强，生态环境得到改善，资源利用效率显著提高，促进人与自然的和谐，推动整个社会走上生产发展、生活富裕、生态良好的文明发展道路"作为全面建设小康社会的重要目标，赋予了林业新的重大使命。《关于加快林业发展的决定》明确提出"林业是一项重要的公益事业和基础产业，承担着生态建设和林产品供给的重要任务"，并提出了"确立以生态建设为主的林业可持续发展道路，建立以森林植被为主体、

林草结合的国土生态安全体系，建设山川秀美的生态文明社会"的总体战略思想，标志着生态需求已成为社会对林业的第一需求，全社会更加关注生态和林业建设。当前，我国生态建设状况正处在"治理与破坏相持的关键阶段"。新的林业形势要求林业监测工作不仅要满足森林经营管理的需要，更要满足生态建设和林业可持续发展的需要。为此，《关于加快林业发展的决定》明确提出要重点研发"森林资源与生态监测"等一系列关键性技术，"建立完善的林业动态监测体系，整合现有监测资源，对我国的森林资源、土地荒漠化及其他生态变化实行动态监测，定期向社会公布。"以上这些为综合监测体系建设提供了有力的政策依据。

## 二、经济社会快速发展为体系建设提供了雄厚的物质条件

综合监测体系的建立和发展无疑要以足够的经济投入为前提条件，只有在经济社会高速发展、国家具有雄厚物质基础的条件下，综合监测体系建设所必需的经济投入才能得到满足。按照环境库兹涅茨U形曲线理论和有关部门的统计研究，当一个国家的人均GDP达到1000美元，环境压力与经济增长就达到了倒U形曲线的拐点，就会采取大规模的生态治理行动。我国在实行改革开放以来，特别是党的十三届四中全会以来，社会经济得到了高速发展，人们的物质生活水平得到了空前提高。1978年全国的GDP只有3624亿元，2005年已达到182,321亿元，人均GDP超过1700美元。我国经济规模迅速扩大，财政收入大幅增加，综合国力明显提高，基础设施显著改善，有效供给能力不断增强，社会主义市场经济体制初步建立，经济发展的体制环境明显改善。随着社会经济的增长，目前我国生态建设处于爬坡时期，生态压力达到拐点区域，进入了生态治理与破坏相持的关键阶段，需要采取大规模的生态治理行动。雄厚的物质基础和巨大的生态治理投入为综合监测体系的建立和发展奠定了重要的经济基础。

## 三、现有监测资源积累为体系建设奠定了良好的监测基础

自20世纪50年代以来，我国先后开展的涉及森林资源与生态状况监测的项目有国家森林资源连续清查、森林资源规划设计调查、荒漠化沙化及石漠化土地监测、野生动植物资源调查、湿地资源监测、森林火灾监测、森林病虫鼠害监测和生态系统定位观测等。覆盖全国的国家森林资源连续清查体系已建立近30年，先后进行了6次全国森林资源清查，为我国林业宏观决策提供了大量准确可靠的数据，其贡献举世瞩目；地方的森林资源规划设计调查是我国最早开展的森林资源监测项目，它为地方落实各项林业决策措施，进行生产、经营、管理和合理利用森林资源，保护生态环境提供了大量落实到山头地块的基础信息，也为全国森林资源和生态状况综合监测体系的建立积累了十分宝贵的信息。目前，全国林业监测队伍已经发展到1600多个，拥有调查人员3.4万余人，分别在国家、省、地、县等不同层面上从事资源监测工作，成为林业建设的一支重要力量。国家林业局直属的东北、西北、中南、华东4个区域森林资源监测中心的机构、队伍、设备日趋完善，在组织实施、建设手段、新技术应用等方面都积累了丰富的经验。各省对地方森林资源监测工作也进行了积极探索，部分省（自治区）建立了省、地、县多级地方森林资源监测体系。所有这些，为森林资源和生态状况综合监测体系建设奠定了良好基础。

## 四、现代科学技术发展为体系建设提供了必要的技术保障

综合监测体系建设，关键要解决好各系统的技术整合和集成问题。一是各学科或技术领域的交叉应用和独立发展为综合监测体系建设提供了前提条件。遥感（RS）技术的发展促进了信息获取技术的提高，已经成为森林资源和生态状况监测的重要信息源；全球定位系统（GPS）技术已发展到快速静态定位和实时动态定位的阶段，为提高资源监测成果质量和工作效率提供了技术手段；地理信息系统（GIS）技术、数据库技术、模型技术和网络技术的应用和发展，使森林资源和生态状况信息的存储、查询、更新、分析、共享和传输等手段更趋完善。生物量和生态功能的有关数学模型已经初步成熟，正被逐步应用到相关监测系统中。二是信息技术的高速发展为综合监测体系建设奠定了技术基础。当前世界信息技术的应用正在从"信息资源建设"阶段转入"信息资源管理"的新阶段。针对"信息资源建设"阶段普遍存在的信息孤岛问题，信息资源的整合已成为"信息资源管理"阶段的必然选择和发展特征。随着"信息资源管理"阶段的发展，异构数据源的整合与集成技术和整合平台软件相继问世。信息资源的整合旨在通过门类整合、数据整合、应用整合、内容整合、流程整合等，来搭建一个上接应用平台和应用软件，下连系统平台的通用平台，在兼顾信息资源现有配置和管理状况的条件下，对分散异构的信息资源实现无缝整合，并在新的信息交换与共享平台上开发新的应用功能，实现信息资源的最大增值。上述这些，无疑为我国森林资源和生态状况综合监测体系建设铺平了道路。

# 第 二 章

## 综合监测的内涵及理论基础

　　森林资源和生态状况监测是根据现代林业发展需要，在总结各类林业调查、核查和监测工作的基础上提出来的。它是运用现代科学技术方法获取森林资源和生态状况数据、分析森林资源和相关生态系统的现状及其动态变化、评价林业管理决策成效的科学活动，是林业管理决策的重要手段之一。森林资源和生态状况监测用数据来表征森林资源的数量、质量以及相关生态系统的发展变化趋势，是林业经营管理和生态建设及其科学决策的基础。

# 第一节  相关概念

在社会发展的不同时期、不同条件下,对森林资源管理和决策形成不同的需求,赋予森林资源监测不同的内涵,形成了多种关于森林资源监测的理论、技术与方法体系,涉及相关概念的产生、发展和变化。

## 一、森林资源

森林资源(forest resources)有多种定义,早期具有代表性的定义是1958年联合国粮食与农业组织的定义:凡是生长着任何大小林木为主体的植物群落,不论采伐与否,但具有木材或其他林产品的生产能力,并能影响气候和水文状况,或能庇护家畜和野兽的土地,称为森林。《森林法实施条例》规定:"森林资源,包括森林、林木、林地以及依托森林、林木、林地生存的野生动物、植物和微生物"。森林资源通常可分为物质资源和非物质资源,其中物质资源包括林木资源、林地资源、野生生物资源等,非物质资源包括森林景观资源、生态效能资源、社会效能资源等。

## 二、森林资源调查

森林资源调查(forest inventory)可以简单描述为以林地、林木以及森林范围内生长的动、植物资源及其环境条件为对象的林业调查,简称森林调查。具体而言,森林资源调查是根据林业和生态建设、生产经营管理、科学研究等的需要,采用相应的技术方法和标准,按照确定的时空尺度,在特定范围内对森林资源分布、数量、质量以及相关的自然和社会经济条件等数据进行采集、统计、分析和评价工作的全过程。

传统的森林资源调查按调查的地域范围和目的可分为:以全国(或大区域)为对象的森林资源调查,简称一类调查;为编制规划设计而进行的调查,简称二类调查;为作业设计而进行的调查,简称三类调查。这3类调查上下贯穿、相互补充,形成森林调查体系,是合理组织森林经营,实现森林多功能永续利用、建立和健全各级森林资源管理和森林计划体制的基本技术手段。

## 三、生态监测

生态系统(ecosystem)一词由英国生态学家坦斯利(A.G.Tansley)于1935年首次提出。生态系统是一定空间内生物有机体和非生物环境的总和。"一定空间内"是指空间尺度的界定,其大小依人们需要描述或了解的客体对象而定。生物有机体主要是指在一定空间内,生存于地球上的生物(当然也包括人)个体或群体。"非生物环境"主要指生物体生存所需的气候、土壤以及地形等物理因子。然而,一定空间内生物有机体和非生物环境之间,以及生物有机体相互之间的相互作用是随时随地发生的,从而真正从功能上维持着一个"系统"的存在。

生态监测(ecological monitoring),又称生态环境监测,目前的定义还很不一致。美国环境保护局赫斯基(Hirsch)把生态监测解释为自然生态系统的变化及其原因的监测,内容主要是人类活动对自然生态系统结构和功能的影响及改变。我国有学者提出生态监测就是运用可比的方法，在时间和空间上对特定区域范围内生态系统或生态系统组合体的类型、结构和功能及其组合要素等进行系统地测定和观察的过程，监测的结果则用于评价和预测人类活动对生态系统的影响，为合理利用资源、改善生态环境和自然保护提供决策依据。这一定义从方法原理、目的、手段、意义等方面做了较为全面的阐述。

生态监测按其监测对象和内容可以分为宏观监测和微观监测。宏观生态监测的对象是区域范围内各类生态系统的组合方式、镶嵌特征、动态变化和空间分布格局等及其在人类活动影响下的变化。宏观生态监测的地域等级至少应在区域生态范围，采用的手段主要依赖遥感和地理信息系统技术，当然区域生态调查与生态统计也是宏观生态监测的一种手段。微观生态监测的对象是某一特定生态系统或生态系统聚合体的结构和功能特征及其在人类活动影响下的变化，通常以物理、化学或生物学的方法对生态系统各个组分提取属性信息。微观生态监测以生态监测站为工作基础。每个监测站的地域等级最大可包括由几个生态系统组成的景观生态区，最小也应代表单一的生态类型。目前我国开展的森林生态定位监测属于微观生态监测的范畴。

## 四、森林资源监测

森林资源调查作为一种专门技术，始于古代买卖山林树木时的材积量测，相当于现代的三类调查的一些内容。19世纪初，德国有较精确的森林地图和用形数法编制的立木材积表,但面积和材积都是采取全面实测,效率很低。后来用标准地调查，工作效率有了提高。到了20世纪30~50年代，在森林调查中引进了抽样调查及航空摄影测量技术，调查效率大为提高。随后电子计算技术的兴起，又使调查数据处理和图面材料的编制趋于高速度、自动化。70年代以来，由于森林资源数据库的建立与发展，森林调查的技术手段更臻完善。这时随着森林日渐减少和能源缺乏、环境污染等世界性危机的日趋严重，原有林业基层企业的森林调查,已不足以掌握全局。为了重新估计森林的经济、生态与社会作用，把起源于19世纪中欧的森林经理检查法所进行的森林经理复查，发展成为全国性的快速的森林资源连续清查（即监测的出现）。进入20世纪80年代以后，由于环境问题的突出，人们逐渐意识到森林作为一种环境资源的重要意义，决策者们不论在地方或全球范围，都正在将国家级森林资源清查用于环境监测。第11届世界林业大会对森林资源评价和监测进行广泛讨论，认为由于森林资源出现了全球性的急剧变化和衰退，同时森林用途越来越多样化，因此急需加强对森林资源的监测，为林业的正确决策提供信息。在此背景下，出现了森林资源监测的概念。

关于森林资源监测（forest resources monitoring）一词，国内外至今尚无明确和统一的定义。1988年全国林业厅局长会议作出关于在全国建立森林资源监测体系的决定后，1989年林业部发出《关于建立全国森林资源监测体系有关问题的决定》的通知。通知将全国森林资源监测体系表述为由国家森林资源监测、地方森林资源监测和资源信息通讯与管理系统组成的技术体系。其中，国家森林资源监测以省（自治区、直辖市）为单位的森林资源连续清查和年度资源监测组成，地方森林资源监测是以县（林业局、自然保护区、场）为单位的资源监测。资源信息通过与管理系统是利用现代计算机技术、信息技术及通讯技术为主要手段，把自上而下的和自下而上的森林资源监测有机地连成一体，达到及时和迅速监测全国森林资源变化和辅助经营管理决策的目的。这是我国较早对森林资源监测一词进行的全面表述。20世纪80年代以来，我国有关专家学者从不同角度阐述了森林资源监测的概念，基本内容如下：

（1）森林资源监测就是对一定空间和一定时间的森林资源状态的跟踪观测，掌握其变化情况。构成森林资源监测体系必须具备森林资源监测的空间完整性、时间统一性、调查连续性、方案兼容性、标准统一性、成果可靠性和工作系统性（李宝银，1995）。

（2）森林资源监测系统(Forest Resource Monitoring System)是对一定空间和时间范围内的森林资源状态进行量测、记载、分析和评价的技术系统。它是森林资源经营管理系统的重要组成部分，是一定组织、规程、方法、手段和技术的有机体，在森林资源经营管理过程中起信息反馈作用。它所收集、处理和输出的信息，不仅定期地提供了森林资源消长变化的动态，同时也适时地反映了经营、管理活动的效果和效益，为保护、发展和合理地利用森林资源，制定和调整林业方针政策和计划提供科学的依据（陈谋询等，1999）。

（3）根据对森林监测的侧重点不同，我们可将森林动态监测系统分为森林资源监测系统和森林环境监测系统两种。森林资源监测即对木材资源及其他森林资源的发展变化情况进行动态适时监测实现森林资源调查的适时化、动态化；森林环境监测包括对森林内部环境的变化（如温度、湿度、含氮量等）及病虫害、林火、雪崩、酸雨等自然灾害进行监测和预测，以便及时掌握森林环境的变化情况和火灾的发展动向，并加以控制，尽可能减少损失（李东升，2000）。

（4）所谓森林资源监测，就是对森林资源，包括森林、林木、林地以及依托森林、林木、林地生存的野生动物、植物和微生物的现状及其消长变化情况，以及森林经营管理的各个环节，进行定期的调查、核查、检查、统计分析、监督管理的过程。20世纪90年代以来，我国对现行森林资源监测体系进行了一系列的优化和改进工作。90年代末，生态环境保护进一步成为政府和公众关注的热点。我国也逐步建立了国家林火监测体系、湿地监测体系、野生动植物监测体系和荒漠化监测体系，形成了多种资源监测体系并行发展的局面（陈火春，2002）。

（5）森林资源监测是指在一定时间和空间范围内，利用各种信息采集和处理方法，对森林资源状态进行系统的测定、观察、记载、分析和评价，以揭示区域森林资源变动过程中各种因素的关系和变化的内在规律，展现区域森林资源演变轨迹和变化趋势，满足对森林资源评价的需要，为合理管理森林资源，实现可持续发展提供决策依据（刘安兴，2005）。

（6）森林资源监测是森林资源经营管理的核心工作之一，也是林业管理的重要基础性工作。森林资源监测包括国家森林资源连续清查、森林资源规划设计调查、森林采伐更新作业设计调查、年度森林资源核(调)查。并认为广义的森林资源调查监测还包括以下内容:专项调查监测，如野生动植物、湿地资源、荒漠化、沙化土地资源调查监测等;森林资源专业调查,包括土壤调查、植被调查、森林数表的编制、立地调查、更新调查等;森林生态效益评价调查，通过建立生态定位监测站点的方法，定期观测评价森林生态变化状况。另外，还包括森林资源资产评估和森林灾害损失评估等内容（王祝雄、陈雪峰、张敏等，2004）。

综上所述，无论从何种角度提出的森林资源监测的概念，都在试图将现代的"森林资源监测"替代传统的"森林调查"。"监测"一词的含义可理解为监视、测定、监控、追踪。监测是一个持续、系统收集相关资料，解释、评估资料的过程，也可概括为收集、分析、反馈和利用信息的全过程。监测是对观察对象的动态了解，是一个跟踪和衡量的过程，它重点关注衡量目标实现的各种指标的变化，并由此判断进展情况是否按预期目标进行。因此，从森林资源调查到森林资源监测概念的转变，反映了人们对森林资源开发、利用和保护观念的发展变化过程，体现了森林资源经营管理工作从单一目标到多目标、从静态掌握现状到动态反馈和控制过程的思想转变，也体现了新时期林业调查工作发展的3大转变：第一个转变是从单一的木材蓄积为主的资源调查向综合性调查转变；第二个转变是由资源现状调查（静态调查）向动态监测转变;第三个转变是由单纯的技术调查向技术和执法性相结合的调查转变（寇文正，2000）。

# 第二节　森林资源和生态状况综合监测的内涵

## 一、基本内涵

### 1. 森林资源和生态状况综合监测

森林资源和生态状况综合监测是指在一定时间和空间范围内，利用各种信息采集、处理和分析技术及其他相关技术，对森林生态系统、湿地生态系统、荒漠生态系统及其他相关的生态系统进行系统的观察、测定、分析和评价，以全面展现监测期间森林资源和生态状况变化，综合揭示各种因素的相互关系和内在变化规律，为林业和生态建设以及社会公众及时提供全面、准确信息服务的技术工作。

### 2. 森林资源和生态状况综合监测体系

森林资源和生态状况综合监测体系包括技术体系、组织体系和保障体系3大部分，其中技术体系涉及监测目标、周期、内容的确定以及监测理论、方法、技术手段的创新和综合集成等；组织体系包括监测组织机构、队伍及实施信息采集、信息处理与分析评价、信息管理与服务全过程的管理；保障体系包括资金投入机制、基本建设机制、制度建设、各级林业行政管理部门及监测机构协同、配套机制等等。

需要特别指出的是，我们提出的森林资源和生态状况综合监测的生态系统监测与从环境监测角度提出的生态监测有所不同。从林业的生态和产业"双属性"出发提出的森林资源和生态状况综合监测，其监测内容既包含了生态系统的物质产品的数量和质量，如森林面积、蓄积等，也包括生态系统的非物质产品的效能，如生态效益、社会效益等；监测的侧重点在于生态系统的结构、各组分的数量和变化、发展状况、修复和重建过程等。目的是为掌握生态与环境状况和变化趋势以及各项生态治理工程的环境影响及效果，及时提出科学的生态与环境保护对策和措施,为政府和有关部门提供客观、科学、丰富、直观的基础数据，为生态建设服务。

## 二、目的任务

森林是陆地上分布面积最大、组成结构最复杂、生物多样性最丰富的生态系统，是陆地生态系统的主体，在经济社会可持续发展、构建和谐社会进程中具有十分重要的地位，对维护国土生态安全、保护生物多样性发挥着支柱作用。要搞好林业和生态建设，取得良好的森林经营管理效果，必须开展森林资源和生态状况监测工作，这是林业和生态建设的基础工作，是林业可持续发展和森林可持续经营的必要手段。森林资源和生态状况监测的主要任务是围绕林业和生态建设的总体需要，从全局、系统、综合、长远的高度，在科学发展观、可持续发展等理论的指导下，整合现有各级和各类监测资源，集成遥感、地理信息系统、全球定位系统、专家系统、决策支持系统、预测模拟等技术，以全国森林资源与生态状况监测、国家重点林业工程生态效益监测和评价等为主要监测内容，通过宏观监测、微观监测和专项监测等手段，定期获取覆盖全国及重点林业工程区域的森林、荒漠化、湿地、野生动植物资源以及森林生态状况的现状与动态变化信息，建立综合信息共享服务平台，进行森林资源与生态状况的综合分析和评价，为制定林业方针政策，编制林业区划、规划、计划，指导林业生产提供全面准确的基础信息，也为科研、教学、社会公众以及国际合作与交流提供信息服务。

## 三、监测对象

森林资源和生态状况监测应根据森经营管理的主体来确定监测的对象。从传统森林经营管理的角度来看，森林经营管理的主体是森林、林木和林地资源。而相应地，传统的森林资源监测的主要对象也是森林、林木和林地，其中，特别关注的是森林资源的木质资源部分。从现代森林可持续经营的角度来看，森林经营管理的主体扩大到了整个森林生态系统，包括一定森林空间范围内的生物有机体和非生物环境。而相应地，森林资源和生态状况综合监测的主要对象也扩展到了整个与森林资源相关的生态系统，包括森林资源的物质资源部分和非物质资源部分。

地球上有无数大大小小的生态系统，大至整个生物圈、整个大陆、整个海洋，小到一片森林、一片草地、一个小池塘，都可看成是一个生态系统。生态系统的边界有的比较明确，有的比较模糊，它在大小空间范围上往往依据人们所研究的对象、研究内容、研究目的或地理条件等因素来确定。综合考虑生态系统所处空间环境性质及人类对生态系统的影响程度两方面因素，生物圈中大小不等、类型各异的生态系统可划分为陆地生态系统、淡水生态系统和海洋生态系统等。其中，陆地生态系统又可分为自然和人工生态系统。自然生态系统包括森林生态系统、草原生态系统、荒漠生态系统、冻原极地生态系统等；人工生态系统包括城市生态系统、农田生态系统等。森林资源和生态状况监测以森林生态系统、湿地生态系统和荒漠生态系统等为主要监测对象，同时也涉及草原生态系统、农田生态系统和城市生态系统等。

## 四、监测内容

森林资源和生态状况监测的内容，取决于林业和生态建设的需求和监测对象的属性。林业的生态和产业"双属性"要求森林资源和生态状况综合监测的内容既应包含生态系统的物质产品的数量和质量，如森林面积、蓄积等，也应包括生态系统的非物质产品的效能，如生态效益、社会效益等。

一般说来，具体的监测内容应根据不同的信息需求情况、被监测的森林资源和生态状况要素的用途、以及森林资源和生态状况监测指标及标准的要求来决定。森林资源和生态状况综合监测的主要内容可由森林植物要素、动物要素、气象要素、水文要素、土壤要素以及与之关联的社会经济和其他环境要素等部分构成，同时为了综合评价监测结果以及林业和生态建设成效，还必须收集或测定一些气象或水文等参数和调查社会经济、人文地理等外部环境数据。

具体来说，森林资源和生态状况监测内容可按下列几个方面进行分类：

(1) 按监测的主要内容，应包括关于林木资源、林地资源、野生动植物资源、湿地资源、荒漠化、生态系统定位观测等方面的监测因子以及关于经济、生态、社会等效益的评价因子。

(2) 按监测的层次，应包括个体层次、种群层次、群落及生态系统层次、景观层次等，并能够通过分层次监测获取信息，综合再现生态系统的完整性特征。

(3) 按监测的空间尺度，应包括宏观和微观监测的监测与评价因子。一个完善的森林资源和生态状况综合监测体系应该能够为各级林业主管部门和社会各界提供宏观和微观的监测信息。宏观上要为研究林业可持续发展战略、制定与调整林业方针政策提供决策依据；微观上要为林政管理、林地管理、森林防火、采伐监督、生产经营、病虫害防治等各种生产经营活动提供落实到山地块的监测数据。

(4) 按监测的时间尺度,应包括定期和年度监测的监测与评价因子,能够为各级林业主管部门和社会各界提供及时准确的不同时间尺度的监测和评价信息。

此外,按监测方式,应包括常规监测、应急监测、监督性检查、行政或执法性的检查和核查以及专题科学研究的内容;按需求或功能分,还应包括碳汇、生物多样性、土壤退化监测等的监测与评价因子。

## 五、监测方法

森林资源和生态状况监测采用什么样的方法,取决于监测的目的任务和人力、技术、经济、设备等条件。对于传统的基本调查方法,不可能一概摒弃。应在积极引进先进技术的同时,整合集成和优化完善现有监测方法。

### 1. 基本方法

由于我国地域辽阔,自然条件复杂,植物种类繁多,森林类型多样,林业和生态建设、生产经营管理、科学研究等对森林资源信息的需求各异,在森林资源监测工作中,对处于不同地域和不同环境条件下的森林资源,需要采用不同的调查方法;同时,针对林业和生态建设、生产经营、科学研究等诸多方面的不同需要,森林资源调查所采用的调查方法也不同。因此,对于每项监测任务,都应综合考虑不同需要以及人力、物力、技术和社会经济等条件,采用不同的调查方法。

(1) 森林资源连续清查采用抽样调查法。以省(自治区、直辖市)和大林区为调查总体,在总体内系统抽取样地,通过定期重复观测,估计总体资源的现状和动态变化。

(2) 森林资源规划设计调查一般采用小班调查法,具体在调查区域范围内,采用目测法、标准地或样地实测法、航片估测法、卫片估测法等方法获取林分因子,并采用抽样方法控制主要调查因子的总体精度。

(3) 森林采伐更新作业设计调查是以作业地段为单位进行的局部调查,一般采用实测或抽样调查方法,对每个作业地段的森林资源、立地条件及更新状况等进行详细调查。面积较小时通常采用每木检尺法,以便获得较为准确的各种森林资源数据,面积较大时也常采用标准地法进行估测。

(4) 森林资源年度专项调查,以省、地(市)、县(林业局)为单位,采用典型选样结合随机抽样、现地核实的调查方法,对年度森林采伐限额执行情况、年度人工造林、人工更新、封山育林及保存状况,以及年度征(占)用林地情况和重大林业生态工程完成情况进行现地核(调)查。

(5) 林业专业调查包括立地类型调查、森林土壤调查、森林更新调查、森林病虫害调查、编制林业数表、森林生长量调查、森林多种效益计量调查与评价、野生经济植物资源调查、野生动物资源调查、林业经济调查、造林典型设计、森林经营类型设计和林业专业调查技术工作管理等。一般采用访问调查法、线路踏查法和标准地调查法、抽样调查法等。

(6) 荒漠化沙化监测,分为宏观监测、重点地区监测和典型监测。宏观监测采用以省(自治区、直辖市)荒漠化土地或沙化土地监测范围为调查总体系统布设固定样地进行定期复查、实测结合遥感的平均数或成数抽样估计方法,提供各省(自治区、直辖市)荒漠化土地和沙化土地面积现状及动态宏观数据。全国荒漠化土地和沙化土地面积现状及动态宏观数据由各省(自治区、直辖市)数据合计而得。重点地区监测采用地面实测结合遥感、区划图斑进行调查的方法，提供受关注的局部地区的荒漠化土地或沙化土地面积现状、动态和分布详细情况。典型监测设立监测站，定位观测土地荒漠化（或沙化）过程。

(7) 湿地资源调查与监测。湿地类型较多、分布较广、监测内容复杂，监测方法多样。湿地面积与分布调查监测一般采用遥感判读法获得，湿地植被的监测采用目估法、点频率法和次点频率法等，湿地野生动物资源调查采用野外踏查、直接计数法、资料查询和访问调查法等。

### 2. 整合集成

监测资源整合是森林资源与生态状况综合监测体系建设的重要内容，其基本内涵是优化与重组现有信息资源。基本思路就是要将现有各项监测资源视为一个系统，通过对系统各要素的加工与重组，使之相互联系、相互渗透，形成合理的结构，实现整体优化，协调发展，发挥整体最大功能，实现整体最大效益。基本方法是通过监测机构整合、监测数据整合、应用软件整合、监测内容整合、监测流程整合等来搭建一个上接应用平台和应用软件，下连系统平台的通用平台，在兼顾监测信息资源现有配置和管理状况的条件下，对分散异构的监测信息资源实现无缝整合，并在新的信息交换与共享平台上开发新的应用功能，实现监测信息资源的最大增值。

(1) 方法整合。上述调查方法可以归结为样地调查、斑块调查、定位观测和其他专项调查等4类，从不同角度获取不同特性的信息。样地调查主要用以获取较大范围的宏观抽样统计信息，斑块调查主要用以获取落实到山头地块的微观区划调查信息，定位观测主要用来获取生态系统的变化过程与机理信息，其他专项调查主要用来获取不同特性的补充信息。

在综合监测体系建设中，各类调查系统应按上述4类方法，从监测时间、监测区域、基础资料、人力资源和技术设备等方面进行整合。

(2) 信息整合。由于现行各类监测系统的监测目标、内容、技术和方法的不同，系统软、硬件环境各异，因此，监测信息呈现多源性、多样性、多态性、多粒度、异构性等特征，孤立封闭的系统架构，信息资源不能共享，数据格式不统一。同时，数据在不同的监测系统中重复存在，互不一致，也致使本该协同一致的完整监测业务过程被人为分割和打碎，致使信息资源横向不能共享，纵向不能贯通，形成"信息孤岛"问题。问题的关键，在于缺乏统一的政务平台或者有效的异构系统整合。因此，各类监测的信息资源需要进行全方位的系统整合集成。

整合的基本方法是通过采用集中式的决策分析，联邦式的业务处理策略，打破原有按职能部门条块分割的架构，构建公共的监测信息共享平台。引入数据仓库（data warehouse）、联机分析处理（OLAP）和数据挖掘(Data Mining)等技术以及扩展性标识语言（XML）、分布式构件对象模型（DCOM）、公用对象请求代理程序结构（CORBA）、开放数据库连接(ODBC)、数据库接口技术(JDBC)等信息集成技术，整合不同的数据资源，实现跨地域、跨部门、跨层次乃至跨边界的协同的信息共享。

## 六、监测特点

森林资源和生态状况综合监测主要具有以下主要特点：

### 1. 综合性

森林资源和生态状况综合监测涉及林学、生态学、植物学、动物学、森林经理学、测树学、测量学、系统科学等多学科的交叉领域；涉及遥感、地理信息系统、全球定位系统、专家系统、决策支持系统、预测模拟、计算机网络等多种技术以及各种分析评价手段；涉及森林、荒漠、湿地乃至草原、农田等生态系统；涉及资源、生态、经济、社会、文化等多个领域；涉及森林资源监测、湿地资源监测、野生动物监测、荒漠化监测、生态定位监测、森林病虫害监测、林火监测等多方面的监测工作。因此，在森林资源和生态状况综合监测体系建设中，需要很好地融合各门学科理论、集成各种应用技术、整合各项监测资源，才能形成完整的综合监测体系，全面实现森林资源和生态状况综合监测。

### 2. 复杂性

森林资源和生态状况综合监测体系是一个典型的复杂系统，具有多层次性、区域性、开放性、动态性与耗散性特征以及多类别、多要素、非线性和多维数等特征。同时，综合监测的主体——生态系统本身是一个庞大的复杂的动态系统，监测中要区分自然因素和人为干扰这两种因素的作用有时十分困难，加之人类目前对生态过程的认识是逐步积累和深入的，这就使得森林资源和生态状况监测不可能是一项简单的工作。

### 3. 长期性

林业经营管理和生态建设是一个长期的过程。森林的培育和自然生长过程以及生态系统的恢复过程十分缓慢，而且生态系统具有自我调控功能，短期监测往往不能说明问题。同时，由于森林的生长发育过程和生态过程的缓慢性，对其监测的时间跨度也很大，所以通常采取周期性的重复监测。因此，森林资源和生态状况综合监测是一个长期的、连续的过程。

### 4. 完整性

森林资源和生态环境是资源、环境、社会和经济相互关系、相互作用而产生的一个有机整体，森林资源和生态状况监测的综合目的旨在整合现有监测资源，从生态系统的整体出发，采集和处理监测信息，并通过综合分析，体现监测对象的生态完整性。因此，生态完整性是森林资源和生态状况综合监测的关键问题之一。生态完整性涵盖了生态系统所有的影响因子，其组成部分有：基因层次(基因漂移及重组)，个体层次(代谢、生长、繁殖)，种群层次(年龄、种的出生死亡率、演变、物种形成)，群落及生态系统层次(种间作用、能流)，景观层次(水循环，营养循环) 等。其中，除基因层次的信息难以获取外，森林资源和生态状况综合监测在构建监测指标体系及其监测和评价产出成果时，应尽量保证其他各层次的生态完整性。

### 5. 集成性

我国监测体系建设正面临前所未有的挑战。随着人们对森林资源开发利用与环境保护的日益重视，对森林资源监测提出了更高的要求。一方面从目前世界发达国家森林资源监测的发展趋势来看，森林资源监测的重点正在由传统的森林资源经济利用方面向环境生态和可持续发展目标上转变；监测的内容正在由以森林资源为主的单项监测向多资源及生态状况综合监测发展；监测的组织形式正在由以单一部门为主的监测向跨部门一体化监测方向发展；监测的技术手段正在由以地面调查为主向地面调查结合遥感技术、地理信息系统、GPS等技术的方向发展；监测服务的对象正在趋于多元化，成果共享程度明显提高。另一方面从当前我国政府部门和社会各界对森林资源信息需求的角度分析，无论是国际合作与交流和国家宏观决策信息需求，还是经营管理和社会公众需求，都涉及到林业系统内部多个监测系统乃至跨部门、跨地区监测信息的汇总和综合。因此，要提高我国森林资源监测的水平，在客观上要求通过监测资源整合集成来强化国家与地方监测之间、同级部门各监测系统之间以及林业系统内部与外部相关行业之间的协同，改变原有的条块分割，相对孤立的监测管理体制，以处理未来监测单位之间、监测单位与政府、学校、科研单位以及社会公众之间的信息交流关系，实现资源共享，达到监测资源的合理配置和利用效率最大化。

# 第三节　综合监测体系建设的理论基础

科学理论是人类长期进行社会实践的结晶，它是随着人们认识和实践的不断深化而充实、丰富和提高的。每当社会发展到一个新的阶段，总会伴随着理论的创新。作为林业管理和生态建设的基础性工作，林业监测工作必须适应经济社会、林业建设和科学技术的发展要求，其技术方法、管理机制也必将随着经济社会与林业建设理论的发展和科学技术的进步而不断发展和创新。森林资源和生态状况综合监测体系建设是一个复杂的系统工程，系统的研究和建设需要以科学发展观为指导，以科学的方法论为理论基础。森林资源监测作为一门技术学科，在形成和发展过程中，所产生的技术、方法，都建立在一定的理论基础之上。它在经历了以分散的、单项的、侧重于森林及其物质属性的监测，以及从局部、孤立、静态地开展监测活动之后，正在顺应现代林业发展和科技进步的潮流，进行着重大变革，朝着多目标、多资源、森林与生态相结合的、集成多种技术的综合监测体系方向发展。近20年以来，越来越多的国家已经以多学科理论融合和技术集成为基础，考察和分析森林资源及其相关生态系统的发生、发展规律，整体、综合、动态地开展相关监测活动。实践证明，系统科学、科学发展观、可持续发展等相关理论是促进森林资源监测体系发展的理论基础。

## 一、系统科学理论

系统科学是从系统的着眼点和角度研究整个客观世界，研究它们的结构、功能及其发生、发展过程，它为认识和改造世界提供科学的理论、方法和技术。系统科学理论是指"老三论"（系统论、信息论和控制论）和"新三论"（耗散结构论、协同论和突变论）的总称。"老三论"以系统论为核心，"新三论"是系统论的新发展。系统论、控制论和信息论是20世纪40年代先后创立并获得迅猛发展的3门系统理论的分支学科。耗散结构论、协同论、突变论是20世纪70年代以来陆续确立并获得极快进展的3门系统理论的分支学科。半个多世纪以来，系统科学的发展推动了科技进步和生产力发展。系统科学相关的理论、方法、技术也越来越深入、广泛地应用到林业和生态建设领域。因此，应以系统技术科学与系统工程技术来认识和把握森林资源及其相关生态系统的发生、发展规律，以系统科学原理为基础指导森林资源和生态状况综合监测的研究和实践，为森林资源和生态状况综合监测体系建设和发展奠定坚实的理论基础。

### （一）整体性原理

系统论认为，世界是由物资、能量、信息组成，世界上的事物不是孤立的，而是互相联系、互相影响、互相制约的，它们通过一定的关系，由物资、能量、信息的交换连接在一起，组成了各类系统。系统组成后，具有整体性的特性，表现为整体大于局部之和，即系统的属性总是多于组成它的各个事物在孤立状态时的属性之和，同时，系统的某个属性的数量既可放大，也可缩小，或者不放大也不缩小，它是由这一具体属性的本质、系统的结构以及系统内协同作用的强弱决定的。这个被认为系统论的第一定律，为森林资源和生态状况综合监测体系建设和发展指明了方向。

森林资源和生态状况综合监测体系建设应该从整体性原则出发，一方面通过现有技术体系的整合，对森林生态系统、湿地生态系统和荒漠生态系统以及草原生态系统、农田生态系统和城市生态系统等实施综合监测，着重监测组成系统各部分之间的相互作用，揭示系统的整体结构和整体功能，综合反映各系统的内在本质、特点、内容和特性。局部、分割的监测，只能认识局部，说明不了森林资源及其相关生态系统的发生、发展规律。另一方面，通过对现有监测系统人员组织、技术装备、基础资料等监测资源的整合，充分发挥现有监测资源的最大效率。独立、分散的监测体系，形不成整体合力，还会造成重复建设、数出多门、浪费监测资源等问题。

## （二）综合性原理

系统科学要求对任一系统的研究，应该遵循综合性原则，即必须从它的成分、结构、功能、相互联系方式、历史发展等方面进行综合系统的考察。从方法上讲，综合是相对于分析而言的。分析是基于简化的观点，即把一个整体分解为各个部分分别地加以研究。综合是基于系统的观点，从整体出发，将各部分联系起来全面地加以研究。即由总体到局部，由概括到更深入观察的思维过程，详细分析总体各部分间的相互关系，但不限于局部问题，而是更进一步地了解总体的性质、特点和动态。所以，综合与分析是统一的。系统方法以综合为基础，在综合的过程把分析有机地结合起来。从综合出发，在综合的基础上进行分析，再回到综合。

综合监测体系建设应遵循综合性原则，从整体出发，在统一技术标准、统一信息交换平台的基础上，将森林生态系统、湿地生态系统和荒漠生态系统以及草原生态系统、农田生态系统和城市生态系统等各部分监测的现实信息和历史数据联系起来，全面地加以统计分析，才能更好地为林业和生态建设提供全面、及时、准确的管理和决策信息，才能更好地为社会各界提供信息服务。

## （三）复杂系统运动规律

森林资源和生态状况综合监测体系的监测对象——以森林生态系统为主体的陆地生态系统是一个开放而复杂的巨系统，它是在一定地域内生存的生物群落与环境相互作用的、具有能量转换、物质循环代谢和信息传递功能的统一体，系统中各个组成部分之间绝不是毫无关系的堆积，而是相互关联的统一整体。对这样具有严密结构、开放复杂的巨系统进行监测，采用单一的、孤立的、片面的方法是不可能完成的。同时，森林资源和生态状况综合监测体系本身也是一个开放而复杂的巨系统，该系统的信息资源、基础设施、人力资源三大要素之间相互联系、相互制约，形成一个既相对独立又相互关联、既相对封闭又相对开放的整体，以保持监测系统的综合协调平衡状态。当监测系统处于平衡状态时，该系统的三大要素基本上保持同步协调发展，监测系统呈现出有序的局面，系统运转处于良性状态中；反之，三大要素之间的关系就会失调，监测系统就会处于无序混乱中，出现难以制约的失衡局面。因此，监测体系建设的关键是采用综合集成技术，尽量使系统的运行从无序到有序，以保持三大要素之间的平衡而同步协调发展。

任何森林资源和生态状况监测系统均可以抽象地描述为输入（信息采集）、处理（统计分析）和输出（监测成果）三个基本组成部分，综合监测体系建设的成败关键在于把握这三者的运动规律，协调好三者之间的辩证关系。因此，复杂系统的基本运动规律，是森林资源和生态状况综合监测体系建设应遵循的基本规律。

### 1.系统输入、输出之间动态平衡的保持与打破不断转化的规律

所谓动态平衡是系统为某一目的而执行功能时，输入和输出的物质、能量都分别守恒。

动态平衡的保持和打破是系统内部基本矛盾的两个方面，它们的对立统一，推动着系统向更高的水平发展。在管理、控制已有森林资源和生态状况监测系统或者创建新的监测体系结构时，必须遵循这个基本规律。片面强调保持平衡或稳定，不注意和反对已具备飞跃条件的平衡状态的打破，以便在更高的水平上组织新的平衡，会限制监测体系的发展。相反，片面强调打破平衡，在飞跃条件尚未成熟或新目标没有明确以前，不注意或反对在旧的平衡打破后，及时建立新的平衡，也会限制甚至破坏监测体系的发展。

### 2. 连锁反应规律

系统是一个整体，根据内部组成可以划分为若干子系统，各个子系统通过物质、能量或信息的交换与传递组成有机整体。如果在某一方面有所改变，所在子系统可能打破动态平衡，一个子系统的变化，会引起其他子系统的变化，即成连锁反应。在森林资源和生态状况监测工作中，一项政策、一项措施、一种方法、技术的使用等，都可能引起局部变化，从而引起连锁反应，改变整体。因此，整体分析和整体把握已成为综合监测体系建设中的重要问题。

### 3. 反馈规律

在一个系统内部，一部分的变化，可能引起另一部分的变化，而后者的变化，又加速了前者的变化，并且使它远离原来的状态，这是系统的正反馈；相反，若后者的变化，抑制前者的变化，使它越近原来状态，这是负反馈。在构建综合监测体系时，必须首先分析现有监测资源状态，充分利用正负反馈的规律，采取适当的整合集成措施，使森林资源和生态状况监测体系走向良性循环，实现既定的综合监测目标。

### 4. 薄弱环节限制总体功能规律

在一个系统中，由于各个子系统发展不平衡，会产生薄弱环节，成为限制整体功能发挥的"瓶颈"问题。森林资源和生态状况监测，往往在输入、处理、输出环节以及组织体系和技术体系等方面存在众多的薄弱环节，消除"瓶颈"，发挥和保证监测资源整体效益的发挥，是综合监测体系建设应该时刻关注的问题。加强全面规划和总体设计、整合现有监测资源、增加科技投入、及时更新技术和装备、调整机构、增加协同能力、改善基础设施条件，开发监测新技术等，是提高综合监测体系整体实力的有效方法。

### 5. 等效优效的替换规律

系统在运行过程中，由于种种原因，有时会被一些效果相等或更优的元素或物资、能量、信息顶替原有的部分，这就是等效优效的替换规律。这个规律为整合监测资源，优化监测资源配置，降低监测成本，调整监测体系结构，建立综合监测体系提供了理论基础。

## （四）耗散结构论

耗散结构论是比利时布鲁塞尔学派领导人普利高津创立的，它是一种更为先进、更强有力的系统方法论。所谓耗散结构，是指一个远离平衡态的开放系统，不断地与环境交换物质与能量，一旦系统的某个参数达到一定的阈值，通过涨落，系统就可以产生转变，由原来混沌无序的混乱状态转变为一种在时间、空间或功能上的有序状态。

耗散结构论在本质上研究的是系统演化的理论，它试图对系统由一种结构向另一种结构的演变问题作出正确的解释。耗散结构理论研究的对象是开放系统，通过对开放系统的研究，阐述了系统科学的有序原理，即：任何系统只有开放、有涨落、远离平衡态，才可能走向有序；或者说，没有开放、没有涨落、处于平衡态的系统，是不可能走向有序的。系统由低级的结构变为较高级的结构，称之为有序。生物进化过程是有序，社会发展过程是有序，森林资源监测体系的发展进步过程也是有序。一个系统要走向有序，其必要条件之一就是系统开放，与外界有物质、能量、信息的交换。

耗散结构论告诉我们，系统发展的重要手段在于：必须使系统开放，有信息交流。森林及其相关生态系统是一个复杂的大系统，其形成和发展，必须不断地与外界交换物资、能量和信息才能得以实现。综合监测体系也是一个大体系，监测信息量的多少、全面性和综合能力，信息的交换、处理能力和更新速度等，应该是衡量综合监测体系建设水平的最重要指标。因此，综合监测体系只有以开放交流为重要手段，具有适应林业和生态建设发展变化的能力，才能使监测工作走向进步，走向有序。反之，固步自封、各自为政的封闭式监测，脱离社会需求的监测，只能走向退化，走向无序。

### （五）协同论

协同论是联邦德国科学家哈肯创立的。系统由混乱状态转为有一定结构的有序状态，首先需要环境提供物质流、能量流和信息流。当一个非自组织系统具备充分的外界条件时，怎样形成一定结构的自组织呢？协同论为人们提供了一个极好的方法，那就是设法增加系统有序程度的参数——序参量。这种序参量决定了系统的有序结构和类型，这就是哲学中指出的外因是变化的条件，内因是变化的根据，外因通过内因而起作用的观点。

协同论告诉人们，系统从无序到有序的过程中，不管原先是平衡相变，还是非平衡相变，都遵守相同的基本规律，即协调规律。这对于综合监测体系建设工作极为重要。将这一规律运用到综合监测体系建设中，学会寻求监测系统的有序量，使其综合监测体系有序化，从而达到监测工作的有序，自然就会形成一系列有序的、协调的思维方法与艺术。

协同学说研究对象也是开放系统，但它认为开放性只是产生有序结构的条件，而非线性则是产生有序结构的基础，系统内各个子系统之间的协同作用才是产生、发展有序结构的直接原因。综合监测体系的各部门间、阶段间、环节间必须在保持整体性的前提下，互相配合、互相协调、互补互充才能取得最佳的监测效果。系统需要协同，特别是复杂系统在这个过程中，其内部必然会形成相对独立的子系统，分工与协作完成整体功能，而且遵循着"在保证实现环境允许系统达到的功能（目的）的前提下，整个系统对空间、时间、物质、能量和信息的利用率最高"的规律。没有达到"五率"最高的系统，不能保持稳定状态。因此，在综合监测体系建设过程中，在综合运用分工和协作方式时，一要考虑目标，二要考虑环境，通过综合分析，才能设计出合理的方式，满足"五率"最高的原则。

### （六）系统工程

系统的技术科学主要研究系统共性问题的技术理论，它当前的主流是运筹学，主要包括线性规划、非线性规划、动态规划、决策论、对策论、排队论、库存论和搜索论。从定性到定量的分析方法，是系统分析的主流方法，在森林资源和生态状况监测中，利用各种数学模型，分析、评价、模拟、预测森林资源和生态状况及其动态变化过程，是重要监测技术方法。系统的工程技术叫系统工程，是直接改造客观世界，大系统的组织管理技术，它是系统学、运筹学、信息学、计算机技术和相应的专业基础的综合应用，是实现森林资源和生态状况综合监测的重要手段。

## 二、科学发展观和可持续发展理论

可持续发展作为新的发展观，是联合国多次政府首脑会议共同关心和深入讨论的议题，已经成为世界大多数国家的基本发展战略。21世纪，中国的发展进程不可避免地遭遇到人口三大高峰(即人口总量高峰、劳动就业人口总量高峰、老龄人口总量高峰)相继来临的压力，能源危机，资源匮乏，生态环境质量仍未摆脱局部改善，整体恶化的状态，区域间发展不平衡，信息化水平只是发达国家的5%左右等诸多挑战，中国面临的严峻挑战呼唤科学的发展观。总结我国改革开放20多年来的经济社会发展的基本经验，党的十六届三中全会明确提出了坚持以人为本，全面、协调、可持续发展的科学发展观。科学发展观和可持续发展理论的提出，为综合监测体系建设指明了方向。

(1) 科学发展观强调自然、经济、社会复杂关系的整体协调，其理论核心紧密地围绕着两条基础主线，一是努力把握人与自然之间关系的平衡，二是努力实现人与人之间关系的和谐。有效协同"人与自然"的关系，是保障人类社会可持续发展的基础；而正确处理"人与人"之间的关系，则是实现可持续发展的核心。因此，按照科学发展观的要求和可持续发展理论，新时期的林业监测工作，一是要依据可持续发展战略要求调整监测目标，逐步扩充监测内涵，增加生态状况监测内容，以满足生态建设和环境保护，以及促进人口、资源和经济可持续发展的需要；二是要树立以人为本的观念，从广大人民群众的根本利益出发，全面、科学、客观、准确地监测森林资源和生态状况，并将监测结果及时向社会公布，满足广大人民群众的知情权，使全社会更加关注生态和林业建设。

(2) 科学发展观揭示了"整体、内生、系统"的本质内涵。可持续发展是一种整体的发展观，是经济、社会和自然之间相互作用、相互制约、相互依赖的协调发展过程。社会、经济和自然三个系统互相制约，互相影响，综合成为可持续发展的目标系统。承认发展所具有的"整体"、"内生"与"系统"的特质，将有助于我们去理解周围涉及到科学发展观的深层次分析。

所谓"整体"是指这样的一种观点，即在系统各种因果关联的具体分析之中，不仅仅考虑人类生存与发展所面对的各种外部因素，而且还要考虑其内在关系中必须承认的各个方面的不协调。因此，综合监测体系建设首先要树立"全面、协调、可持续发展"的理念，从整体观念上去协调各种不同类型、各种不同规模、不同层次、不同结构、不同功能的监测系统的发展，全面统筹监测技术和人力资源，着力提高监测结果的综合分析和评价能力，努力实现监测体系自身在技术体系和组织体系上的整体协同以及监测结果在自然、经济、社会等方面的综合协调。

所谓"内生"是指主导着发展行为轨迹的持续推动，在于系统的内生动力。依照数学上的常规表达，是指描述系统"内在关系"和状态方程组的各个变量，这些变量的自发组织、自觉调控、向性调控和结构调控，都将影响系统行为的总体结果。我们在综合监测体系建设过程中，一定要深刻领会"内生"的本质内涵、充分调动一切内部动力、内部潜力和内部创造力，不断优化重组监测资源，提高监测科学技术水平与转化力，加强人力资源的培育与发挥，全面提高综合监测水平。

所谓"系统"，当然不是各类组成要素的简单叠加，它代表着涉及到发展的各个要素之间的互相作用的有机组合。综合监测体系建设是对先行各监测系统的优化组合，必须在层次、时序、空间与时空耦合等方面，处理好森林及其相关生态系统和监测体系内部的各种互相作用组合关系，包括线性的与非线性的、确定的与随机的互相作用组合关系。整合监测资源既要考虑内聚力，也要考虑排斥力；既要考虑增量，也要考虑减量，最终要把推动监测体系的发展视作影响它的各种要素的关系"总矢量"的系统行为。

# 三、现代林业和林业可持续发展理论

综合监测体系建设应紧紧围绕当前林业和生态建设的形势和任务，依据《森林法》等法律法规和《关于加快林业发展的决定》的要求，坚持科学发展观，以林业可持续发展理论和我国林业又好又快发展新阶段的总体思路为指导，以整合集成现有各项监测资源、改革和创新技术与管理体制、提高综合分析和评价能力为目标，充分利用现代林业和林业可持续发展相关理论的观点和方法，建立完善的森林资源和生态状况综合监测体系，以适应林业可持续发展和现代林业发展的需要。

## （一）林业可持续发展理论

林业可持续发展是一个动态过程，按常规的发展速度需要100年甚至更长的时间。根据国情和社会经济发展的要求，我国提出了50年基本实现林业可持续发展的总体战略目标，即经过50年的不懈努力，到20世纪中叶，基本建成资源丰富、功能完善、效益显著、生态良好的现代林业，最大限度地满足国民经济与社会发展对林业的生态、经济和社会需求，实现我国林业的可持续发展。具体有社会目标、经济目标、生态环境目标等三大目标。当然，可持续林业没有一成不变的终值目标，国民经济与社会发展是永不停息的，对林业的生态、经济和社会需求也会随发展而变化，可持续发展是不断协调不断调整的过程。在这一过程中，核心的问题就是通过监测手段掌握其发展趋势，然后经过不断调整和控制，使之按照预定的轨迹发展，最终达到可持续发展的预期目标。森林资源与生态状况综合监测，是实现动态管理、协调林业发展的重要环节，可为林业发展和生态建设成效评价、编制林业和生态建设发展规划、制定林业宏观政策提供重要的基础依据。在目前由以木材生产为主向以生态建设为主转变的新时期，为全面实现林业可持续发展目标和功能，在原来森林资源监测体系基础上，围绕林业可持续发展的三大目标，建立森林资源与生态状况综合监测体系，无疑已成为摆在我们面前的一项十分紧迫的历史任务。

我国林业可持续发展按照"生态建设、生态安全、生态文明"的战略思想和"严格保护，积极发展，科学经营，持续利用"的战略方针，要着重解决天然林资源保护战略问题、退耕还林战略问题、荒漠化防治战略问题、野生动植物和湿地保护及自然保护区建设战略问题、科技发展战略问题、农业和农村经济结构调整中的林业发展战略问题、城市林业发展战略问题、植被建设与水资源合理配置战略问题、森林灾害防治战略问题、林业产业发展战略问题等十大战略问题。这些重大战略性问题涉及社会、经济、环境以及林业和生态建设的方方面面，需要采取全面、系统、综合的分析方法和技术集成，建立综合的森林资源与生态状况监测、评价技术体系，解决重大战略性问题的信息需求和评价难题，才能实现林业可持续的总体发展战略目标。

## （二）现代林业理论

现代林业是充分利用现代科学技术和手段，全社会广泛参与保护和培育森林资源，高效发挥森林的多种功能和多重价值，以满足人类日益增长的生态、经济和社会需求的林业。现代林业以可持续发展理论为指导，以生态建设为重点，以产业化发展为动力，以全社会共同参与和支持为前提，广泛地参与国际交流与合作，实现林业资源、环境和产业协调发展，生态效益、经济效益和社会效益高度统一。

为抓住战略机遇，加快林业发展，2006年，国家林业局按照党中央、国务院的指示和贯彻落实科学发展观的要求，提出了"十一五"林业发展的总体要求：就是以邓小平理论和"三个代表"重要思想为指导，用科学发展观统领林业工作全局，深入贯彻落实中共中央、国务院《关于加快林业发展的决定》，全面实施以生态建设为主的林业发展战略，加速推进传统林业向现代林业转变，着力构建优质的生态体系、发达的林业产业体系和丰富的生态文化体系，大力提升三大产品的供给能力，充分发挥林业的三大效益，不断满足社会的多样化需求，努力把我国林业推向又好又快发展的新阶段。为实现上述总体要求和目标任务，综合监测体系建设必须坚定不移地为推进我国林业由传统林业向现代林业转变服务，坚持以现代林业的思想、观念、技术和手段推动体系建设和发展。

(1) 按照现代林业的资源观，现代林业资源是指广义的林业资源，它不仅包括森林资源、林地资源及其依附于森林和林地的资源，而且还包括可供发展林业的各种自然和社会经济资源。因此，综合监测的范畴应从森林资源拓展为森林、荒漠、草原、湿地、农田、城市等生态系统，包括森林资源、退化地、沙区与湿地、降水、太阳辐射、大气等自然资源和人力资源、市场资源、社会资源、环境资源、资金资源、科技资源以及相应的国际资源等社会经济资源等方面的监测。

(2) 按照现代林业的环境观，现代林业环境是指与林业有关的自然环境和社会经济环境的总和。综合监测的范畴应从森林环境拓展为自然环境和社会经济环境，包括自然界中对林业经营活动有直接影响的生物和非生物因素（如土壤、大气、水、森林中的各种组成成分）等自然环境和人口、林业经营活动、放牧、樵采、相关行业、社会经济发展水平、林产品利用与贸易等社会经济环境。

(3) 按照现代林业的产业观，林业产业具有多元性特点，既包括第一产业、第二产业和第三产业，又包含生态建设的公益性事业。综合监测的范畴应逐步拓展到森林景观资源、生态文化资源等。

(4) 按照现代林业资源、环境与产业协调发展观，林业资源、环境和产业既相互制约，又相互促进。林业资源及其配置状况是现代林业发展的基础和前提，生态建设是现代林业发展的首要任务，而林业产业的发展则是现代林业的发展动力。因此，综合监测体系在功能上必须具备整体性和综合性，把监测对象视为一个完整的生态系统或经济系统，所监测的重点不仅仅是这个系统的某些部分，更强调系统各部分的相互关系和系统的整体。

总之，按照现行法律政策要求，依据系统科学和林业发展的相关理论，立足于现有的监测基础，整合各项监测资源，融合各类监测方法和技术手段，建立森林资源和生态状况综合监测体系，实现各业务系统联网运行，准确及时地掌握森林资源和生态状况的变化，达到信息共享和提高综合监测与评价能力的目的，既反映了生态系统完整性的要求，又体现了集中管理、高效组织和协调运转的科学管理理念，符合国际国内林业监测的发展方向。

# 第 三 章

## 国内外相关监测体系状况

  在经济社会高速发展的今天，世界各国政府更加注重科学决策，社会团体、公众对环境问题的关注程度也显著提高，对信息的需求量、准确度、时效性提出了更高的要求。为了及时获取真实、准确、丰富的信息，几十年来，世界各国、各行业纷纷开展各种监测工作，并取得了一定成绩。全面了解国外林业监测体系及国内相关行业监测体系的状况，总结值得借鉴的经验，对我国森林资源和生态状况综合监测体系建设具有重要的现实意义。

# 第一节 国外林业监测体系状况

随着人们对森林资源的开发利用和对环境保护日益重视和关心，森林资源经营从过去片面追求经济效益发展到社会、经济和生态多种效益并举，并朝着可持续发展的方向迈进。为适应这种形势，更好地为政府和社会公众服务，世界各国对森林资源的监测也已由传统的以木材资源为主向以可持续发展为目标的多资源监测和生态监测转变。美国、德国、瑞典等林业发达国家已基本完成了这种转变，欧洲的森林健康监测也很有特点，其产出成果满足了各层面的需要。这些国家及区域的监测基本反映了目前国外林业监测的特点，代表了今后一个时期的发展趋势。

## 一、现状

### （一）美国

美国国土总面积916万平方千米，森林资源十分丰富。据2002年的统计数据，森林（forest land）总面积3.03亿公顷，森林覆盖率33.1%，总蓄积量242亿立方米。森林面积的92.6%为天然林，7.4%为人工林，其中人工林主要分布在东部地区。国有森林面积占42.5%，私有森林面积占57.5%。森林的分布、权属状况和社会制度在很大程度上决定着其经营和管理体制的特点，私有林的经营和管理仅受政府的指导，其所有者拥有较大的自主权。

美国的森林资源与健康监测是由始于20世纪20年代末30年代初的全国森林资源清查演变而来的，经历了由以森林面积和木材蓄积为主的单项监测到多资源监测，再到森林资源与健康监测3个阶段。20世纪60年代以前，森林资源调查的重点是木材，多数州和区域的清查成果主要是提供森林面积和木材蓄积数据。随着人们对森林资源内涵认识的提高和社会需求的增加，20世纪60年代和70年代，森林资源清查的对象发生了较大的变化。1974年颁布的《森林与草地可更新资源规划条例（Forest and Rangeland Renewable Resources Planning Act）》强调，森林资源清查（Forest Inventory and Analysis，FIA）应该提供森林与草地上的各种资源信息，包括木材、牧草、水、野生动物栖息地、游憩地等；1978年颁布的《森林与草地可更新资源研究条例（Forest and Rangeland Renewable Resources Research Act）》要求开展更大范围的资源清查，从而标志着森林资源清查的对象由以森林面积和木材蓄积为主的单项监测转为了多资源监测。随着公众对大气污染、病虫害、火灾和其他灾害对森林健康影响关注程度的日益提高，美国林务局依据1988年《森林生态系统与大气污染研究条例（Forest Ecosystems and Atmospheric Pollution Research Act）》，从1990年新英格兰州试点开始，逐步建立了一个覆盖全国的森林健康监测体系（Forest Health Monitoring，FHM）。为了完善对森林资源清查和森林健康监测的管理，提高监测效率，按照1998年美国颁布的《农业研究推广与教育改革条例（Agricultural Research Extension and Education Reform Act）》的要求，美国林务局将这两项调查和监测进行了综合，设计了新的森林资源与健康综合监测体系，基本完成了由多资源监测到森林资源与健康监测的转变。

美国森林资源与健康监测工作由农业部林务局森林资源清查项目国家办公室统一负责。组织管理分为3个层次：执行小组（executive team），由负责森林资源清查项目决策的高级领导人员组成，包括森林资源清查和森林健康监测国家办公室主任、各区域林业研究站的主任、各州林务官和合作单位的代表；管理小组(management team)，负责项目的日常运行，其成员包括森林资源清查和森林健康监测国家办公室有关领导、各林业研究站的森林资源清查项目办主任、有关州林业部门和合作单位的代表等；技术小组(technical bands)，由森林资源清查管理小组的成员、森林资源清查调查单位的代表、有关州的代表、国有林系统的代表以及州有和私有林的代表组成，同时还可以邀请其他人员参与工作（图3-1）。

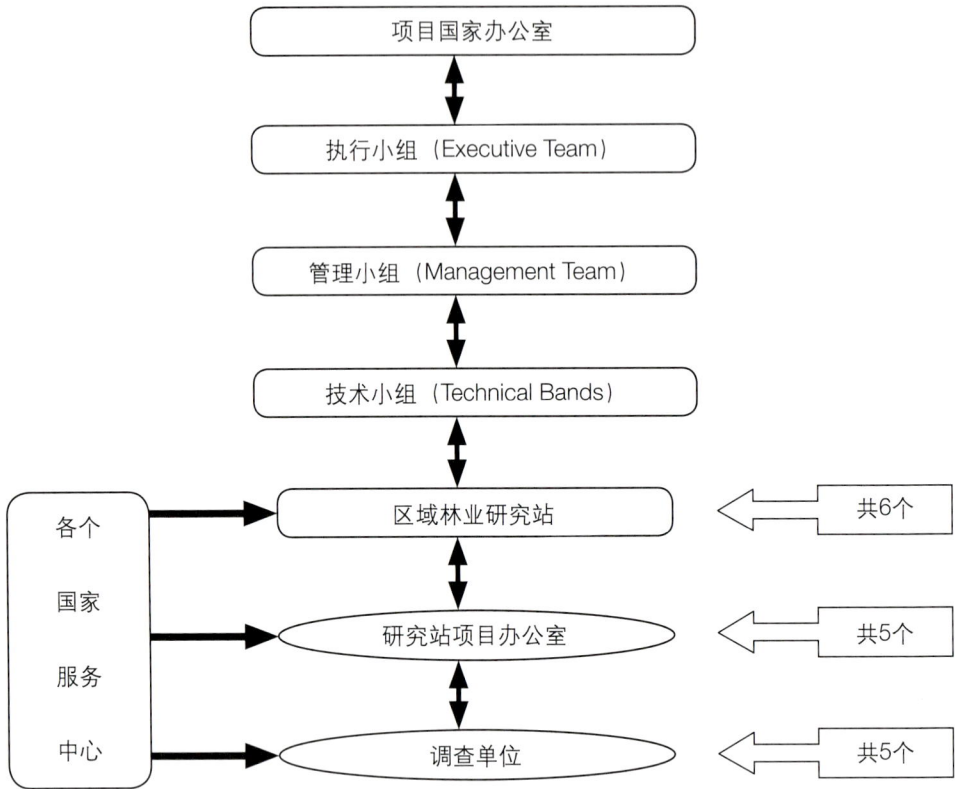

图3-1　美国森林资源与健康监测组织框架

美国林务局所属的5个林业研究站（即东北研究站、中北研究站、南方研究站、落基山研究站、太平洋西北研究站）按区域分片具体负责开展全国范围的资源清查、分析和报告清查结果，并开展清查与监测技术的研究工作。5个林业研究站分别设有森林资源清查项目办公室，为各研究站最大的二级机构，一般100人左右，约占全体职员的20％。2002年还成立了森林资源清查空间数据服务中心（FIA Spatial Data Service Center，挂靠在东北研究站森林资源清查项目办），提供数据录入、管理、统计和检索服务。另外，美国林务局还有若干直接为森林资源清查和森林健康监测项目服务或提供技术支持的机构，如遥感应用中心、地理空间服务与技术中心等。为了提高成果的整体性和工作效率，还计划建立若干国家服务中心，为各区域森林资源清查和森林健康监测调查单位提供研究、开发、应用工具服务。

美国森林资源与健康监测经费实行预算制度。各部门先按既定方案和目标进行预算，联邦再根据全国财政状况与预算方案下拨专项经费。

森林资源与健康监测体系是一个综合原森林资源清查和森林健康监测的年度清查系统。全国统一按三阶抽样设计布设样地，地面样地统一由4个样圆组成，每个州每年调查1/5的固定样地取代原来每年调查若干个州的固定样地，森林资源清查和森林健康监测的野外调查综合进行，采用统一的核心调查因子、标准、定义。体系大致有3个功能：①监测。通过年度调查，描述森林生态系统的变化情况，②评价。由州有林与私有林管理司所属的森林昆虫管理（Forest Pest Management）项目组负责寻找变化原因。③研究。结合其他定位观测资料，对森林生态系统的过程和机制进行长期研究。按实施方案要求，经过5年时间的调整和过渡，从2003年开始，美国的森林资源清查全面采用新的设计，共同完成对森林资源与森林健康的监测。

主要监测内容：第一阶航空像片或卫星图像样地，主要用于获取辅助信息进行分层，判读样地至少分为两层，即有林地和非有林地；第二阶地面调查样地，主要调查因子包括土地利用、林分状况和立地、每木调查、生长、枯损和采伐等，共计约300个调查因子；第三阶样地除了调查第二阶样地的所有调查因子外，还进行树冠调查、土壤调查、地衣群落调查、林冠下植被调查、臭氧生物指标调查和枯枝落叶调查等。

监测成果报告包括3类：一是年度报告，每年清查工作完成后，FIA项目为各州提供年度清查数据资料及简要分析报告；二是定期报告，每5年为各州产出一份完整的分析报告，平均1年产出10个州报告；三是国家级报告和国际报告，森林资源清查项目每5年为《资源规划条例（RPA）》提供一份国家级评价报告，还为"森林可持续经营的标准和指标"（蒙特利尔进程）工作组提供美国森林资源的基本数据。

美国的森林资源与健康监测具如下显著特点：一是已经形成了森林资源与森林健康综合监测体系；二是组织机构健全完善，全国由专门的机构（即森林资源清查和森林健康监测项目国家办公室）统一负责，由5个研究站按区域分片具体负责，分工合理、职责明确；三是有较为完善的经费投入机制，实行预算制度。各部门先按既定方案和目标进行预算，联邦再根据全国财政状况与预算方案下拨专项经费。

## （二）德国

德国位于欧洲中部，国土面积34.9万平方千米。森林面积1074万公顷，森林总蓄积量28.8亿立方米，森林覆盖率30.7%。森林分布均匀，立地条件好，林分质量高，生态功能十分明显。德国的森林既有数百年历史遗留的，又有近代不断人工营造的。人工林占全国森林面积的79%，天然林占21%。森林所有制形式有3种：一是私有林，全国共有46%的森林面积为公民个人所有；二是国有林，联邦政府与各州政府都有所属的森林及林地，面积共占34%；三是集体(社团)林，包括教会、公司、市镇政府所有的森林，面积占20%左右。森林经营管理的主要责任在州。

德国的森林调查始于1878年，具有较长的历史。初期是采用询问调查方式，其结果作为纳税的基础，但各地做法有异，不便进行比较。随后森林调查逐步发展成比较系统的森林经理调查，这项工作主要在国有林、集体林和大公司所有的森林中进行，小林主的森林一般不进行正规调查，从而常常造成全国森林资源的底数不清。为了解决这一问题，德国于20世纪60年代开展了全国林业监测，主要包括3种：一是全国森林资源清查；二是全国森林健康调查；三是全国森林土壤和树木营养调查。1961~1974年在东德采用抽样方法进行了大范围的森林资源清查，到1984年才明确规定用抽样方法，按统一方法、标准、程序进行全国森林资源清查。同时，从20世纪60年代开始，德国就研究大气和土壤对森林的损害，并于80年代初在全世界率先进行了国家森林健康调查。德国每15年进行一次全国规模的森林土壤调查，目的在于了解通过土壤传播的病害或因土壤养分不平衡所引起的森林病虫害及森林退化，为绘制森林立地图提供资料，并与森林健康调查相结合来分析工业污染情况。

德国的森林资源与环境监测由联邦粮食农林部下设的森林与木材工业局负责管理。由于德国森林经营管理的主要责任在州，各种监测由联邦粮食农林部与各州林务局共同制定统一的技术方案和标准，由各州具体实施；联邦森林与木材研究院负责汇总、分析评价并写出全国报告，最后由联邦粮食农林部公布。

德国的森林资源与环境监测均在同一抽样体系框架下开展，综合起来构成了完整的技术体系。监测分为3个层次：第一层次是以高斯—大地坐标系为基准建立的系统网状抽样（16km×16km，8km×8km或4km×4km）监测样地体系，称为大规模森林状况监测；第二层次是在典型的森林地区建立固定观测样地，进行森林生态系统强化监测；第三层次由研究森林生态系统过程的一些集中的研究场地构成。

德国的3种全国性林业监测尽管周期不同，但抽样体系相同，均在同一位置（千米网格）由同一单位进行调查，综合起来构成了德国森林资源监测的技术体系，成果较好地反映了全国的森林资源和生态状况。鉴于3种林业调查周期不同，目前有关部门正在研究如何将3种调查有机地结合起来，采用相同调查周期，统一标准和概念，规范调查方法，减少冗余，达到高效的目的。

德国森林资源与环境监测的显著特点是各项全国性林业监测均在相同的抽样体系框架下开展工作，充分利用已有的抽样体系，既便于数据的综合与比较，又能节省费用。

## （三）瑞典

瑞典位于北欧斯堪的纳维亚半岛东部，濒临波罗的海，全国土地面积41.2万平方千米，森林资源丰富。据1998～2002年统计数据，森林面积2274.9万公顷，森林覆盖率55.2%，总蓄积量30.5亿立方米。全国森林中，私有林面积占50.7%，国有林面积占9.7%，公司所有的森林面积占39.6%；主要树种为挪威云杉、欧洲赤松和桦木。瑞典林业相当发达，在林业可持续发展方面进行了不断的探索和实践，制定了许多行之有效的林业政策和措施，取得了令人瞩目的成绩，实现了森林利用和环境保护的双赢。

瑞典的国家森林资源清查始于1923年，经过80多年的建设历程，在调查技术手段和监测内容上进行了不断改进和完善，成为世界上较为先进的森林资源与生态状况综合监测体系之一。1923～1929年建立了覆盖全国的森林资源清查系统（NFI）；1983年开展第六次清查时，对国家森林资源清查系统抽样设计进行了改进，同时使用临时样地和固定样地，开始对样地进行定期复查，产出动态成果。为了尽可能地利用国家森林资源清查的抽样体系框架，1983～1987年进行了将全国森林土壤和植被调查纳入这一框架的试验。1993年修改的《森林法》，增加了环境和生物多样性保护的内容，从而使瑞典的林业发展从侧重追求经济效益转变为经济、生态、社会效益并举。瑞典林业调查部门也将注意力转向森林生态环境和生物多样性方面，有关这方面的内容已逐步加入到清查系统中。目前，瑞典已将建于1962年的森林土壤调查系统（MI）与原国家森林资源清查系统（NFI）合并组成新的国家森林资源清查系统（RIS）。

国家森林管理委员会委托瑞典农业科学大学负责国家森林资源清查系统（RIS）的组织管理工作，同时完成数据汇总、分析评价，并写出全国报告，由官方对外公布。森林资源管理和地球空间信息学系(the Department of Forest Resource Management and Geomatics)承担国家森林资源清查（NFI），森林土壤系（the Department of Forest Soils）承担森林土壤调查（MI）。清查外业工作每年大约由22个常规调查工组和2个检查组承担，每个工组3～4人。大约有近百名调查人员直接参加野外作业。

瑞典的新的国家森林资源清查系统以全国为总体，从北到南划分为5个副总体，观测单元为方阵和样地，它们由固定和临时方阵(样地)组成，南部（间距5km）的方阵布设密度比北部

表3-1　瑞典国家森林资源清查系统方阵和样地设计方案　　　　　单位：米

| 副总体 | 方阵类型[②] | 方阵边长(米) | 蓄积样地 | | 更新样地[①] | | 采伐样地 | |
|---|---|---|---|---|---|---|---|---|
| | | | 样地数量 | 样地半径(米) | 样地数量 | 样地半径(米) | 样地数量 | 样地半径(米) |
| 1～4[③] | 临时 | 1800～1200 | 12 | 7.07 | 24 | 20 | 48 | 7.07 |
| | 固定 | 1200～800 | 8 | 10 | 16 | 20 | 24 | 7.07 |
| 5[③] | 临时 | 400 | 8 | 7.07 | 16 | 20 | 16 | 7.07 |
| | 固定 | 300 | 4 | 10 | 8 | 20 | 8 | 7.07 |

注：①每个更新样地在20m样地内再布设5个半径$r=1.78m$的小样圆；②固定方阵和临时方阵中所有采伐和更新样地均为临时样地；③固定样地$r=10m$，临时样地$r=7.07m$。

（间距10km）的大，方阵边长比北部的短，样地数量比北部的少。调查方阵布设在国家版图上的所有地区，包括所有的陆地和湖泊以及沿海水域。每年大约调查2300个方阵，其中固定方阵和临时方阵的数量基本相等。清查系统方阵和样地设计方案见表3-1。

　　清查的主要内容包括土地利用现状、立木材积生长量、林龄及其结构、立地条件、植被情况、森林采伐、生物多样性及其环境条件等，大约200项调查因子（variables）。这些调查因子按数据结构分为以下7个模块：立地因子模块；经营作业面积因子模块；蓄积、生长和枯损模块；更新调查模块；年采伐量模块；植被与土壤调查模块及其他适合搭载的调查项目。

　　瑞典的森林资源与生态状况综合监测具有许多显著特点：一是以覆盖全国的固定样地网络为主干，整合土壤调查、环境监测等多项监测项目，逐步形成国家森林资源与生态状况综合监测体系；二是抽样设计保持相对稳定，注意保证重要因子的调查精度；三是结合实际需要，适时搭载新的调查内容；四是每年调查，覆盖全国，滚动统计汇总，数据处理速度快，信息时效性好。

### （四）欧盟一些国家

　　1986年开始启动的泛欧洲国家采用同一方法的"空气污染对森林影响评价和监测(ICP Forests)"项目，目的是监测泛欧洲国家的森林健康状况。其具体目标有3个：一是在地方级、国家级和国际区域这3个水平上，深入了解森林健康状况的时空分布及其与包括空气污染在内的胁迫因素之间的关系；二是更深入地认识空气污染和其他危害因素对森林生态系统的影响及其因果关系；三是探索和理解在空气污染和其他危害因素影响条件下森林生态系统各组分之间的相互关系。最初空气污染对森林影响评价和监测项目包括了欧盟的15个国家，目前已有35个成员国和欧洲委员会(EC-European Commission)参与。

　　空气污染对森林影响评价和监测项目能够顺利执行得益于有一个管理完善的组织机构。整个项目由一个称作空气污染对森林影响评价和监测森林特别任务组的机构负责，设有1个项目协调组、5个专家组、3个工作组和2个协调中心。项目协调组从科学角度关注整个项目的实施，专家组的主要任务是寻求不同层次和地区适当的统一监测方法。专家组、工作组和协调中心均属于全欧洲水平上的机构。每个成员国成立一个国家项目中心，并委托项目协调中心来协调项目、执行数据分析评价和报告。欧洲委员会还成立了科学顾问组和森林强化监测协调研究所。

空气污染对森林影响评价和监测项目构造了3个水平的监测层次。水平Ⅰ：对不同森林组分（林冠健康状况、土壤条件、叶片和针叶的元素含量）的基本参数进行调查，目的是获得与森林健康状况时空变化有关的结果。通过对覆盖一个国家（不同密度的国家网格）和整个欧洲的森林系统抽样（16千米×16千米的网格）进行逐个样地的低强度监测。水平Ⅱ：目的是认识森林生态系统功能中的关键因素和过程的强化监测，主要通过对一定数量的且在其分布区域内具有代表性的永久性监测样地监测完成。水平Ⅲ：对特定的森林生态系统进行研究分析，目的是深入了解空气污染影响的因果关系，途径是建立一些适合于详细研究生态系统内所有组分之间复杂的相互作用的永久样地，并开展相关的研究工作（包括生态系统的平衡）。

ICP项目水平Ⅰ和水平Ⅱ样地的所有常规监测活动和监测频率见表3-2。

表3-2 水平Ⅰ和水平Ⅱ样地的所有常规监测和监测频率

| 监测 | 水平① | 水平② |
|---|---|---|
| 林冠健康状况评价 | 每年 | 每年 |
| 土壤调查（固相） | 1次性 | 每10年 |
| 土壤溶液分析 | － | 连续 |
| 叶片分析 | 1次性 | 每2年 |
| 生长量测 | － | 每5年 |
| 沉降量测 | － | 连续 |
| 气象参数 | － | 连续 |
| 地表植被评价 | － | 每5年 |

注：①正在考虑进行土壤和叶片的再次调查；②表中所示的取样频率为最小频率。

空气污染对森林影响评价和监测项目和欧洲委员会每年产出技术报告《欧洲森林状况》(Forest Condition in Europe)并出版发行，提供基于跨国界大尺度网格之上的森林动态报告，成为各国林业及环境措施决策的重要参考。

欧洲森林健康状况监测体系有以下突出特点：一是建立了首个跨多个国家的森林健康状况监测的综合体系；二是有一个管理完善的组织机构统一负责，在组织协调、技术支持和技术研究方面高效运作，保障了监测有条不紊地顺利开展；三是监测目标明确，从项目一开始就确立了3个需要达到的目标，3个水平的监测层次确保了监测目标的实现。

## （五）其他国家

世界各国由于森林所有制的不同，因而所采取的森林资源管理的组织形式也是不同的。日本等国以私有林为主，私有林主具有高度的经营自主权，政府通过行业管理部门（包括行业协会等）对私有林的经营进行指导，通过法律来约束私有林主的经营管理行为。在森林资源监测的组织形式上，各国也有差异，有委托大学森林调查学科完成的，也有由常设（芬兰、日本）和非常设(瑞士)专业调查队伍完成的；而加拿大、奥地利等国是各省(州)独立进行森林资源调查，由联邦进行全国森林资源统计和分析，调查间隔期一般为5～10年，森林资源调查费用由国家预算中支出。

森林资源监测方法一般分为3种：一是国家森林资源连续清查方法(continuous forest

inventory，CFI)；二是利用各省(州)的森林资源清查数据累计全国的方法；三是根据森林经理调查(森林簿)结果累计全国的方法。日本、法国和北欧各国采用第一种方法；加拿大、奥地利等国则是各省(州)独立进行森林资源调查，利用GIS等进行全国汇总；前苏联及东欧各国采用第三种方法。

主要监测内容有：林木(植物)评价、树干测定、树冠测定、指示性的生物、灾害、下层植被、年轮分析、土壤反应、叶面化学药物的污染程度等。各国根据不同的监测对象，从上述内容中选取相关项目进行监测。

新技术在监测中的应用有效地提高了数据采集、数据处理、数据分析的能力，主要体现在：

(1) 数据采集多样化。数据源主要包括遥感影像、GIS数据源、地图数据、野外对比采样和GPS数据等。森林资源监测工作中曾使用过9个星种25种传感器的数据，随着高分辨率遥感数据如QuickBird（空间分辨率为0.61m）和即将发射的IKONOS II(空间分辨率为0.27m)的出现，在森林资源监测中遥感数据的应用前景会更加广阔。地理信息系统（GIS）是森林资源监测丰富的信息库(数据库和图形库)，是森林资源监测的最理想的数据源。随着GIS的发展，常规地图已经被电子地图所取代，在森林资源监测工作中就可以随时打开GIS的图库获取有关图件。GPS在森林资源监测中的作用主要有3个方面，首先在GIS中，GPS提供地理坐标位置，作为GIS数据库的坐标信息源；二是在野外抽样中，用GPS可协助进行固定样地定位；三是在遥感判读调绘中，可用GPS进行遥感图像野外修测补绘、长度量测和面积测定等。

(2) 高速计算设备和大型分析软件的使用提高了数据处理水平。许多国家的遥感数据处理由于采用高速计算机和遥感图像软件（如ERMapper、ERDAS、HUNTER），极大地提高了处理速度，图像校正、图像增强和专题分类等的处理质量有了大幅提升，使其成为监测最主要的数据源之一；统计分析软件包（如SAS、SPSS和Mathematica）的应用，使得原始数据的统计分析如分布特征、回归估计、差异显著性分析和相关分析，特别是一些复杂的数学运算，如迭代、符号运算等，可以迅速地完成，统计分析时间成倍缩短。

(3) GIS提供了数据分析的有力手段，使监测数据的综合分析更加深入。GIS软件（如ArcGIS）的应用使监测数据可以与其他有关专题数据相结合进行综合分析，丰富了分析成果。数据的综合分析将成为一个很重要的技术环节。

(4) 先进监测仪器和分析手段的应用节省了大量人力、物力，提高了监测数据的准确性。在野外观测和室内分析中使用了激光测树仪（LEDHA-GEO）、叶面积测定仪、冠层图像分析系统（SCANOPY）、年轮图像分析系统（DENDRO）、根系图像分析系统（RHIZO）等。由于采用这些先进仪器，实现了森林资源监测指标和重要生态环境因子的快速、连续和大量观测，许多观测数据可以被直接传输到计算机中进行处理。

## 二、特点

世界森林资源监测的发展，与世界林业的发展历程、人们对林业需求的变化和相关学科理论与现代技术的发展息息相关。人们对林业的需求已由原来单纯的木材转变为以生态需求为主兼顾木材，这种变化导致林业经营理念发生了深刻变化，从而使所需监测信息更加多样化。根据系统科学和现代管理学的相关原理，整合已有的监测资源，充分利用相关技术高效获取新增信息，实现对森林资源和生态状况的综合监测与评价，是今后发展的总体趋势，概括起来，国外林业监测的先进性有6个特点。

## （一）监测目标多元化

20世纪70年代以前，大多数国家的森林资源监测以获取森林面积和木材蓄积信息为主要目标。70年代到80年代中期，多数林业发达国家就已完成了向以获取多资源信息为主要目标的转变。80年代中期以后，由于环境问题的突出，人们逐渐意识到森林作为一种环境资源的重要意义，开始将森林生态状况信息的获取作为监测的主要目标之一，尤其是德国、美国、瑞典、芬兰等林业发达国家的林业和环保工作者，开始探索充分利用原有森林资源清查体系将森林资源与生态状况结合在一起监测，以更好地实现多个监测目标的途径。目前，他们已经完成了由以森林资源为主的单项监测向多资源及生态状况综合监测的过渡，建立了比较完善的森林资源与生态状况综合监测体系，较好地协调了多个监测目标之间的关系。由于这些国家综合监测的优势已初步显现，起到了良好的示范作用，其他国家的决策者们在完善监测体系时，对国家级森林资源清查与生态状况监测进行综合，以实现多目标的综合监测与评价，将成为今后一个时期的发展主流。

## （二）组织管理一体化

从目前主要林业发达国家的森林资源与健康监测或森林资源与生态状况监测的发展看，整合监测资源，将资源监测和环境监测纳入到统一的抽样框架内进行，同一行业不同部门的监测逐步实现跨部门、甚至跨行业监测的特点十分明显。基于监测本身特点的要求，多数国家成立了负责组织实施综合监测工作的专门机构，对监测工作进行一体化管理，成功地解决了以往不同部门单一监测项目在监测目标、监测内容、标准规范、信息采集方法等方面协调不够的问题，极大地提高了监测工作效率，丰富了成果产出，使监测成果的综合性更强。如美国的森林健康监测（FHM）于1999年与森林资源清查（FIA）合并，实现了森林资源和森林健康在同一抽样体系框架下的综合监测，由农业部林务局森林资源清查项目国家办公室统一负责，成立执行小组、管理小组和技术小组，对综合监测实行一体化管理。

## （三）方法手段现代化

大量高新技术的应用使监测方法、手段日趋现代化。监测方法由最初的斑块调查发展为抽样技术、斑块调查和定位观测等方法的综合应用。数据采集实现了多样化，数据源由过去单一野外采集转变为包括遥感影像、GIS数据源、野外对比采样和GPS数据等并存。在野外观测和室内分析中使用了先进监测仪器和分析手段，如激光测树仪、叶面积测定仪、冠层图像分析系统、年轮图像分析系统、根系图像分析系统等，节省了大量的人力、物力，保证了监测数据的准确性和连续性，提高监测信息采集的效率。高速计算设备（中、小型计算机）和大型分析软件（ERMapper、ERDAS、HUNTER、SAS、SPSS和Mathematica）的使用提高了数据处理水平。GIS软件（如ArcGIS）的应用使监测数据与其他有关专题数据相结合进行深入的综合分析成为可能，丰富了监测成果。

## （四）分析评价综合化

建立了森林资源与生态状况综合监测体系的林业发达国家，在满足已有单项监测分析评价能力要求并有所提高的基础上，越来越注重综合分析评价，明显提高了监测的综合分析与评价能力。监测内容的增加、标准规范的统一，以及信息采集方法的协调，为进行综合分析与评价提供了保障，多项目标的综合分析评价指标已能通过综合监测产出。尤其是森林土壤、森林健康、空气污染和环境状况等方面指标的纳入，使得综合分析评价的结果更准确地反映了森林所发挥的经济、生态和社会效益，进一步满足了人们对生态状况及其变化的信息需求。

### （五）信息服务多样化

由于实施了综合监测，并由专门机构对综合监测进行一体化管理，形成了一系列信息服务制度。通过这些制度的实施保证了监测成果能服务于更多的用户，达到了提高成果共享程度的目的。成果表现形式更加丰富，从以文字报告为主的传统形式发展为图、表、文字与声像相结合的形式；信息服务充分利用了新闻发布会、网络等现代媒体，服务范围、对象更加广泛。成果发布的形式也更加多样，一般采用不定期发布、年度发布、定期发布及多项成果共同发布，成果间形成了相互补充的良性关系，从而更好地服务于不同层次的用户。如美国由FIA和FHM项目国家办公室负责，既产出年度报告和定期报告，也产出各州报告、国家级报告和国际报告，不仅更好地为美国林务局研究开发司、国有林管理司、州有林和私有林管理司等服务，还为"森林可持续经营的标准和指标"（蒙特利尔进程）工作组提供美国森林资源的基本数据。

### （六）保障措施制度化

林业发达国家的森林资源和生态状况监测，多数建立了完善的保障机制，从投入、技术等方面保证了监测的平稳运行。一般都有完善的经费投入机制，基本上实行预算制度，在国家预算中支出，保证了监测经费的足额和及时到位。如美国、瑞士等国家，各部门先按既定方案和目标进行预算，联邦再根据全国财政状况与预算方案下拨专项经费。另外，稳定的技术队伍保障了监测的顺利实施和成果质量。如美国林务局所属的5个林业研究站分别设有森林资源清查项目办，为各研究站最大的二级机构，一般100人左右，约占全体职员的20%。按区域分片具体负责开展全国范围的资源清查、分析和报告清查结果，并开展清查与监测技术的研究工作。美国林务局还有若干直接为森林资源清查和森林健康监测项目服务或提供技术支持的机构，如森林资源清查空间数据服务中心、遥感应用中心、地理空间服务与技术中心等。这支高水平的技术队伍是美国森林资源与健康监测顺利实施并使监测体系不断完善的主要力量。

# 第二节　国内相关行业监测体系状况

目前，我国与自然资源关系较为密切的行业都开展了相关监测工作。从监测对象的特点、监测方法的相似性、监测的组织管理和实施等方面看，对森林资源和生态状况综合监测体系建设借鉴意义较大的，主要有国土资源部的国土资源监测、水利部的水土保持监测和国家环境保护总局的环境监测。水土保持监测在我国行业监测中起步较早，国土资源监测和环境监测尽管起步要晚，但发展速度较快。近几年，在整合监测资源、实施综合监测方面又有了较大发展。目前这3项监测均初步形成了较为完善的综合监测体系，为国家提供宏观决策依据、服务经济社会发展等方面发挥了重要作用。

# 一、现状

## （一）国土资源监测

国土资源监测主要包括土地利用、矿产资源、地质基础与地质灾害、区域环境等内容。它是以国土资源调查信息为基础，以各类数据为核心，依托成熟的数据库管理和GIS技术，按照统一的标准，建立具有信息管理、数据综合分析、数据分类查询、综合统计分析及信息服务等功能一体化的国家、省、地3级国土资源信息管理体系。

国土资源监测工作主要包括以下几个方面：

### 1. 土地资源监测

包括土地利用动态监测、土地利用状况调查、土地市场调查和土地利用基础图件与数据更新等工作。该项监测由中国土地勘测规划院牵头负责，整个监测机构体系还包括各省（自治区、直辖市）土地勘测规划院和地市级土地勘测规划院（图3-2）。中国土地勘测规划院的主要职能：承担全国土地资源调查、监测专项计划的组织实施任务；组织编制有关调查项目实施方案，负责对项目进度和质量的管理监督和技术指导，对调查成果进行检查验收和汇总；负责调查评价中信息采集、处理、分析的技术工作。

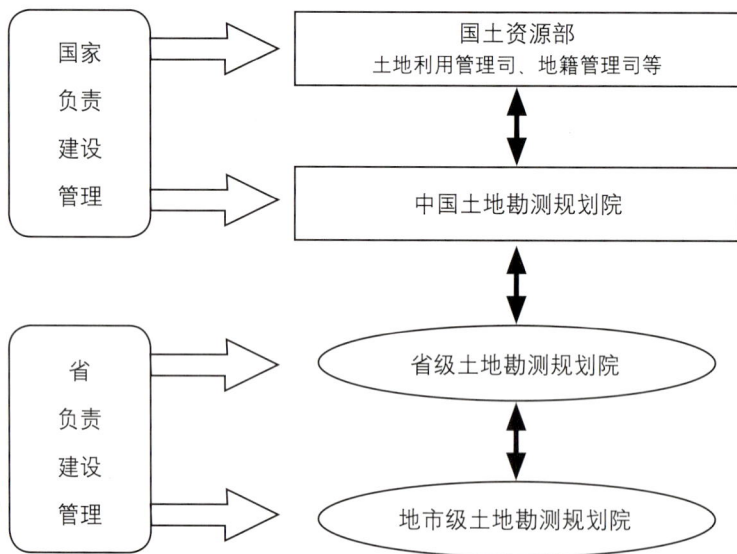

图3-2 中国土地资源监测组织机构示意图

### 2. 地质环境监测

包括地质基础调查、矿产资源调查、区域环境监测、地质灾害监测和预报、预警等工作。该项监测由中国地质调查局牵头负责，其监测机构体系还包括31个省级地质环境监测站和217个地市级监测分站（图3-3）。中国地质调查局为国土资源部直属的副部级事业单位，是全国地质调查、科学研究和信息服务的综合机构。局机关编制140人，局所属队伍编制10708人，包括26个区域性地质调查机构、专业性地质调查机构、科技创新与技术支撑机构和公益性服务机构，如中国地质环境监测院、中国地质科学院及其所属的7个研究所。

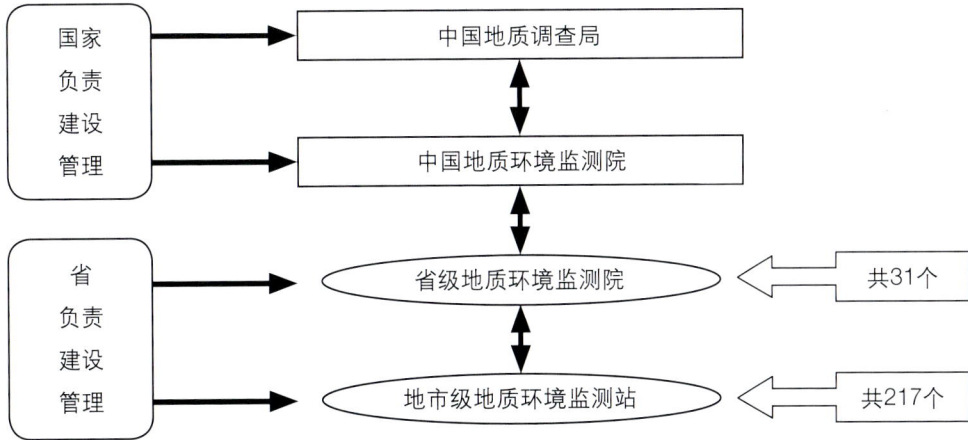

**图3-3 中国地质环境监测组织机构示意图**

### 3. 信息中心

为了加快国土资源信息化建设的步伐，国土资源部于1999年10月开始实施"数字国土"工程，其主要任务有5项：①基础数据库建设；②调查评价相关信息技术的研究开发与应用；③政务管理信息系统建设；④信息服务系统建设；⑤基础网络与信息化标准建设。为此，国土资源部于同年正式成立了信息中心。该中心是国土资源部负责组织实施信息化建设的直属事业单位，其主要职能是承担国土资源信息化工作规划、计划的编制，以及全国国土资源电子政务建设的总体方案设计；承担国家级国土资源政务管理信息系统和信息服务系统的建设、运行和维护；开展有关国土资源信息系统和应用软件的开发工作；承担国家级土地、地矿等资源数据库和管理数据库的建设和管理；承担土地、矿产资源利用动态监测信息的汇总、分析；承担国土资源信息对外发布工作，为社会提供公益性信息服务等。

国土资源部信息中心拥有一支结构合理、实干敬业的信息化建设队伍。根据2005年的调研结果，该中心拥有研究和工程技术人员150余人，其中高级职称75人、博士9人、硕士31人。中心拥有千兆以太技术构成的大型网络系统和先进的系统开发与数据库管理软硬件运行环境，拥有2000多平方米的信息化专用机房。

2003年，国土资源部在科技部的资助下，又开始筹建隶属信息中心的科学数据中心，并首期开展国土资源数据中心、地质科学数据分中心、地质调查数据分中心建设，2004年又增加了土地科学数据分中心建设项目。"国土资源科学数据中心建设"项目要求在2004～2006年，建立以1个主中心（国土资源数据中心）、3个分中心（地质科学数据分中心、地质调查数据分中心、土地科学数据分中心）为主体的数据共享平台，并提供约30多个专题数据库的社会化共享服务。2006年12月，"国土资源科学数据中心建设"所属的3个分中心建设课题已经通过了国土资源部信息中心组织的课题验收。

作为"数字国土"的重要组成部分，国土资源部2006年又正式启动了"金土工程"。"金土工程"建设的总体框架是，以国土资源各类数据库为基础，以国土资源信息网络为纽带，以标准、制度和安全体系为保障，以国土资源各项管理业务流程优化为主线，以支撑国土资源管理决策为核心，形成互联互通、贯穿上下的政务管理、决策支持和社会服务信息化体系。其建设任务包括4个方面：①耕地保护国家监管系统；②建立矿产资源国家安全保障系统；③建立地质灾害预警预报及应急指挥系统；④建立基础性、战略性国土资源数据库。围绕上述4项建设任务，"金土工程"的实施包括以下6个方面的内容：①业务应用系统建设；②数据库的建设与整合；③数据中心建设；④网络系统建设；⑤安全系统建设；⑥标准化建设。

近年来，国土资源部通过国土资源调查评价工作获取了大量基础数据，并通过"数字国土"工程开展了数字化建库工作。为了支持"金土工程"业务应用系统的运行，需要采用信息资源规划的方法，按照先进的信息资源管理理念，分别从概念、逻辑和物理等3个层次上对现有信息资源进行科学、合理的规划，在全面理清现有数据资源的基础上，按照相关的标准和规范开展数据整合与建库工作。其基本流程见图3-4。

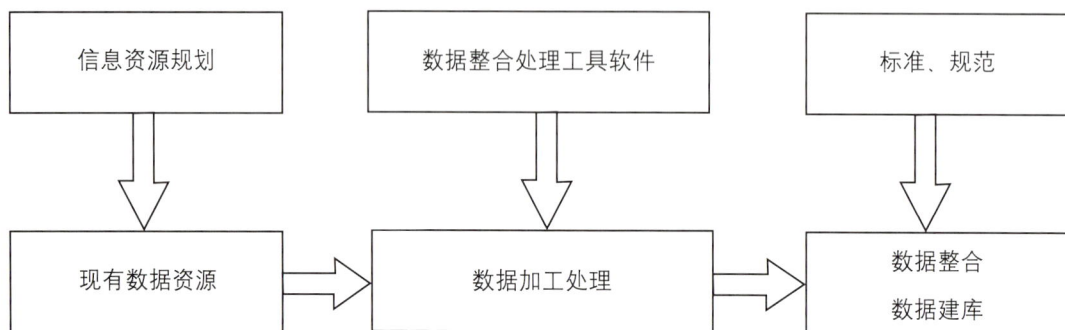

图3-4　信息资源规划与整合流程

数据的整合与建库，就是整合、规范和集中全国现有的各类国土资源基础数据和业务管理数据，即为"金土工程"项目的基础数据、业务数据等各类数据提供数据存储和管理的统一平台；为各类业务系统提供数据支持；通过数据交换体系，完成各类数据的更新；同时，利用数据仓储和数据挖掘技术，对所辖范围内的国土资源管理进行科学分析，为科学决策提供信息支持，从而实现对国土资源的有效监管。

国土资源监测非常重视网络建设和信息服务工作，开展了各级国土资源部门和有关单位的局域网建设。利用国家高速宽带信息网，构建全国国土资源信息网和相关部门的专业工作网，形成纵向连接国家、省(自治区、直辖市)和部分地(市)、县(市)国土资源主管部门，横向连接政府其他部门和有关单位的国土资源工作网络。建立了统一、权威的国土资源部对外信息服务窗口，基本形成了全国国土资源信息服务网站体系。据统计，"数字国土"工程1999年投入资金4600万元，2000年投入资金9000万元；"十五"期间共开展相关项目329个，累计投入资金45 150万元。

## （二）水土保持监测

我国的水土保持监测工作始于20世纪30年代。自新中国成立以来，在监测网络和信息系统建设、水土保持动态监测和预测预报等方面取得了显著成绩。水利部先后3次组织了全国土壤侵蚀调查，查清了水土流失面积、分布状况和流失程度，为国家生态建设提供了决策依据。到2003年，基本形成了全国水土保持生态环境监测站网。该网络由4级监测机构组成：一级为水利部水土保持监测中心，二级为主要江河（长江、黄河、海河、淮河、珠江、松花江及辽河、太湖等）流域水土保持监测中心站，三级为省级水土保持监测总站，四级为省级重点防治区监测分站。国家负责一、二级监测机构的建设和管理，省（自治区、直辖市）负责三、四级

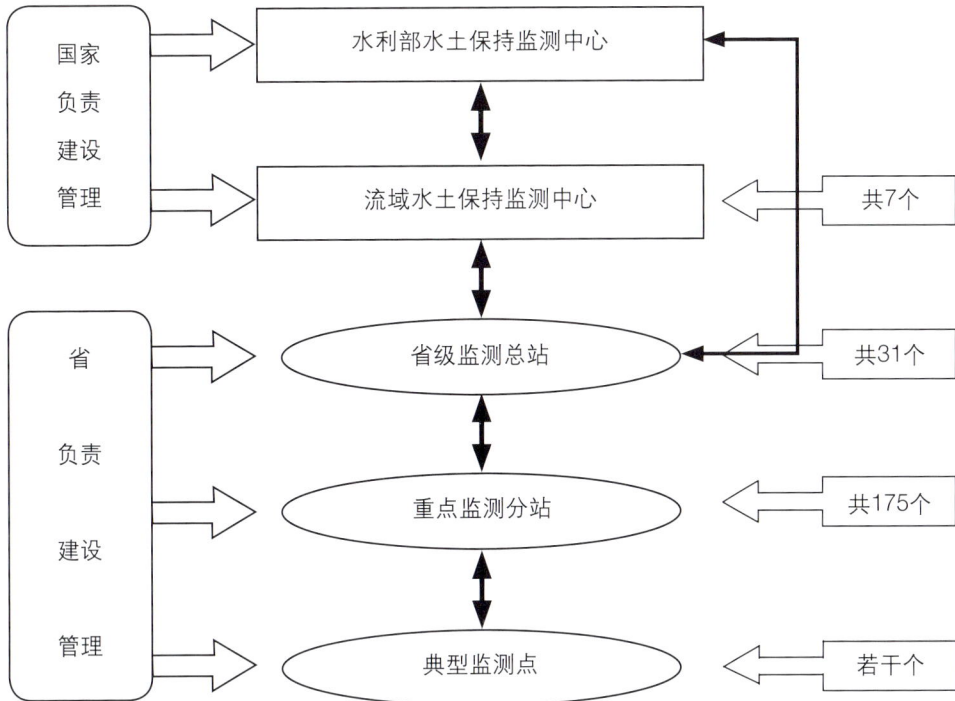

**图3-5　中国水土保持监测组织机构示意图**

监测站点的建设和管理。截至到2005年，已建立长江、黄河、海河、淮河、珠江、松花江及辽河、太湖等7个流域监测中心站，29个省（自治区、直辖市）监测总站、151个监测分站。根据《全国水土保持监测纲要(2006～2015年)》，到2007年底前，要建成由水利部水土保持监测中心、7个流域监测中心站、31个省级监测总站、175个重点地区监测分站和分布在不同水土流失类型区的典型监测点构成的全国水土保持监测网络系统（图3-5）。

　　为了监测全国水土流失及其环境变化情况，依据《中华人民共和国水土保持法》和《中华人民共和国水土保持法实施条例》，经中央机构编制委员会办公室批准，于2003年成立了全国水土保持监测中心。该中心是隶属水利部的具有独立法人资格的事业单位，拥有一支包括博士后、博士、硕士在内的、年富力强的专业技术队伍，形成了专业技术人才、经营管理人才和复合型人才相结合，专业互补的人才结构。其主要职能是：负责全国水土保持生态环境监测网络建设与管理；负责水土流失生态环境状况普查和动态监测；承担综合防治情况及效益调查分析工作；承担水土保持生态环境建设政策、法规的调研和拟定工作；承担有关的水土保持规划和建设的咨询与管理工作；承担大中型开发建设项目水土保持方案大纲的技术评估和方案审查，并监督实施；承担水土保持方案编制资质、监测资质的审查及管理工作；开展与水土保持相关的有偿服务及经营活动。

　　水土保持监测网络的常规监测内容主要有：环境因素、侵蚀因子、水土流失动态、水土流失危害、水土保持措施功能及其效益等多个方面。其中环境因素、侵蚀因子、水土流失灾害等可利用相关部门（如水文站、水土保持实验站、推广站等）的同区域、同期监测资料（如资料短缺，则需补测）；水土保持监测资料主要包括实时水情资料、环境资料、水土流失监测资料、防治效益监测资料、影像资料和社会经济资料等。水土保持监测资料在由下级监测机构经过整编后，上报至上级监测机构，由省级以上水土保持监测机构统一管理。水利部水土保持监测中心负责全国范围内的监测成果管理。国家和省级水土保持监测成果实行定期公告制度，监测公告分别由水利部和省级水行政主管部门依法发布。省级监测公告发布前须经水利部水土保持监测中心审查。公告内容主要为本辖区内的水土流失面积、分布状况和流失程度；水土流失造成的危害及其发展趋势；水土流失防治情况及其效益等。水利部水土保持监测中心负责全国范围内的监测公告工作，各流域、各省（自治区、直辖市）在经过水利部水土保持监测中心和同级水行政主管部门的审定同意后，分别公布其所辖区的水土流失监测情况。水土流失监测工作5年为一个公告周期，每年公告年度水土流失监测结果。重点省、重点区域、重大开发建设项目的监测成果可根据实际需要发布。

### （三）环境监测

国家环境保护部门于20世纪80年代初建立了中国环境监测系统。环境监测的任务是：对环境中各项要素进行经常性监测，掌握和评价环境质量状况及发展趋势；对各有关单位排放污染物的情况进行监视性监测；为政府部门执行各项环境法规、标准，全面开展环境管理工作提供准确、可靠的监测数据和资料；开展环境测试技术研究，促进环境监测技术的发展。

环境监测工作在各级环境保护主管部门的统一规划、组织和协调下进行。各部门、企事业单位的环境测试机构参加环境保护主管部门组织的各级环境监测网。全国环境保护系统设置4级环境监测站，各级环境监测站接受同级环境保护主管部门的领导，业务上接受上一级环境监测站的指导。

一级站：中国环境监测总站；

二级站：各省（自治区、直辖市）设置的省级环境监测中心站；

三级站：各省辖市设置的地市级环境监测站(或中心站)；

四级站：各县（区、市、旗）设置的环境监测站。

目前，全国环境保护系统共有各级环境监测站2389个，其中总站1个，省级监测中心站40个，地市级监测站401个，区县级监测站1914个，核辐射监测站32个（图3-6）。

中国环境监测总站成立于1980年，为国家环境保护总局直属事业单位。中国环境监测总站内设10个二级机构，编制100人。其主要职能是：为国家环境保护总局实施环境监督管理提供技术支持、技术监督和技术服务，组织拟订全国环境监测发展规划、技术路线、技术规范、技术标准及年度计划，指导各级环境监测站实施环境监测；作为全国环境监测的网络中心、技术中心、信息中心和培训中心，组织研究环境监测数据的统计分析方法，收集、储存、整理、汇总全国环境监测数据，编制全国环境监测年鉴、中国环境白皮书、全国环境状况公报、全国环境统计年报、全国环境质量报告，综合分析全国环境质量状况，对全国环境质量进行综合评价，定期向国家环境保护总局提出报告。环境监测的主要内容包括地表水、空气、生态、水生生物、土壤、噪声、海洋、辐射等方面。环境监测按其对象划分主要有两种：一是环境质量监测，由环境监测机构通过对环境中各项要素进行经常性的监测，掌握环境质量状况及其发展趋势，并编报各种环境监测报告和环境质量报告。主要方法是在全国各大区域科学地布设环境监测站点和网络，按照统一规定的方法和规范，对各个环境要素进行连续或定期监测；结合污染源监测，对环境监测数据进行综合分析，提出全国、各大区域和特殊环境地域的环境质量变化趋势，以及改善环境质量和防治污染措施的建议。二是污染监督监测，主要通过对污染源进行宏观调查，建立污染源档案；对污染源进行现场监测，或者核对排污单位测试的数据；对新

中国森林资源和生态状况综合监测研究

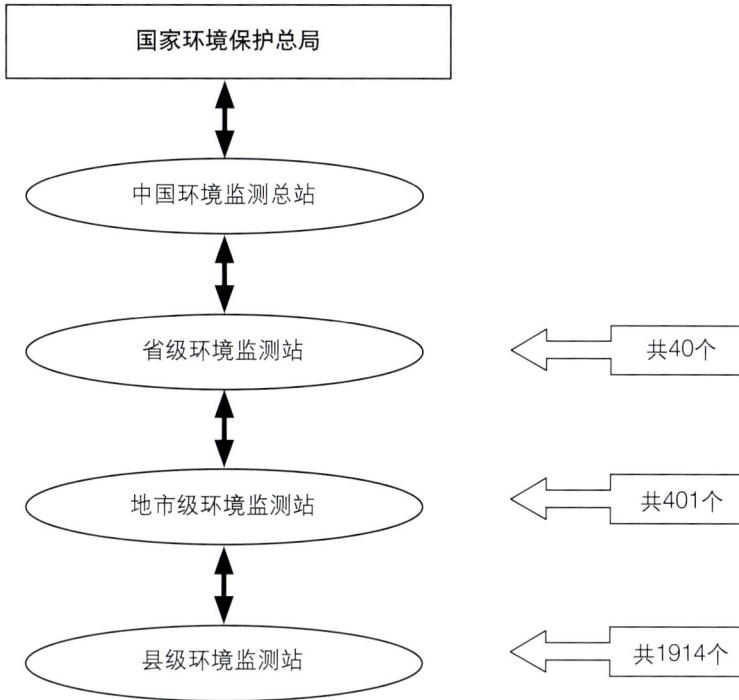

图3-6　中国环境监测组织管理网络示意图

建、扩建、改建和技术改造工程项目的污染治理装置进行验收和监测，为执行各种环境法规、标准，开展环境管理工作提供准确、可靠的监测数据和资料；对污染事故和污染纠纷进行监测，为追究污染者的法律责任以及解决污染纠纷提供技术依据。

监测成果一般包括两部分：①环境统计数据库，包括基础数据库、综合数据库及各种分类汇总数据库；②文字资料，包括年报表、年报编制说明、分析表、逻辑校验结果、分析报告、工作总结等。环境监测报告按内容和周期分为环境监测快报、简报、月报、季报、年报、环境质量报告书及污染源监测报告。中国环境监测总站及各级环境监测站具体承担本辖区各类监测报告的编制。环境监测月报、年报和环境质量报告书，均由各级环境保护主管部门按照统一格式、统一时间向同级人民政府及上级环境保护主管部门报出。中国环境监测总站每年至少两次向国家环境保护总局汇报全国环境质量和重点污染源排放情况。

地方各级环境保护局、环境监测站和中国环境监测总站需要向规定以外的任何单位提供监测报告、监测数据和资料时，应当履行相应的审批手续。凡属有偿服务性监测、国际合作项目监测，各级环境监测站在向委托方提供监测资料或报告时，必须附有监测数据、报告使用范围的限定，并报同级环境保护主管部门备案。

## 二、特点

近年来，国内相关行业的监测工作在可持续发展理论的指导下，从系统论、信息论的角度进行深入研究和探索，由分项监测和单项评价向综合监测和综合评价转变的发展趋势日益明显，服务为本、信息共享的目的更加明确，监测功能渐趋完善。为保障整个监测工作的顺利实施，相关行业基本上建立了国家级监测（信息）中心或总站，统一负责全国的监测工作；监测技术手段日益现代化，大量先进技术和设备得到广泛应用；注重信息网络化建设，信息共享程度不断提高，信息服务形式多样化，服务能力大为增强，主要表现在：

### （一）综合监测体系初步完善，目标明确

资源与生态、经济、社会等方面的诸多因子密切相关，仅进行分项监测不但影响数据间的协调性和一致性，也不利于对资源开展综合分析与评价。从上述3个相关行业的监测体系可以看出，通过科学合理的优化整合，大部分监测体系正在或已经完成由单一的分项资源监测向综合性多功能监测转变。如现有国土资源监测通过整合原有监测项目，使国土资源监测包括了土地利用、矿产资源、地质基础与地质灾害、区域环境等监测内容，并新增土壤质量和健康状况等方面的内容；监测对象涵盖了目前国土资源部所管辖的所有领域，形成了一个较为完善的国土资源综合监测体系，并且随着国家和社会需求的变化，适时地对监测内容进行扩充。通过实行综合监测，实现了全面、科学、客观地分析土地的适宜性及其承载能力，从而为土地资源的合理开发利用、农业的可持续发展及环境保护和生态建设提供了科学依据。中国环境监测把原来分属不同部门的地表水、空气、生态、水生生物、土壤、噪声、海洋、辐射等单项监测全部纳入了环境监测的范畴，整个监测体系覆盖范围广，涉及的领域全面，已经形成了一个全国性的综合监测网络体系，为综合分析评价全国环境质量状况提供了客观依据。

### （二）组织管理机构基本健全，责任落实

国内各相关行业已实现了监测工作由专门机构进行全面负责，实行统一管理和规划，彻底改变了不同监测内容由不同行政部门分散管理的模式，在业务上实现了自上而下的垂直管理和指导，从而理顺了工作关系，提高了监测效率。1998年全国人民代表大会批准成立国土资源部时，就明确了国土资源的监测职能由直属事业单位承担。1999年，国土资源部正式成立信息中心，对国土资源的信息化建设进行统一管理，逐步建立易于使用、更新和扩充的国土资源基础信息技术管理体制与机制，对国土资源进行调查评价，及时汇总、处理和分析，实现国土资源信息的高度共享与高效利用。中国环境监测总站作为国家环境保护（总）局的直属事业单位，成立20多年来，实行严格的科学管理，及时准确地收集和汇总全国环境监测数据，综合分析评价全国环境质量状况，始终坚持"环境监测为环境管理服务"的原则，为国家环境保护（总）局实施环境管理和保护决策提供了优质高效的技术支持。目前，全国已经形成了国家、省、地、县4级环境监测站，在组织管理和业务指导上分工明确。水利部也建立了国家、流域、省、重点防治区4级水土保持监测机构，全面负责全国水土保持方面的监测工作，其中2003年成立的全国水土保持监测中心，负责全国水土保持监测网络建设与管理，以及全国范围内的监测工作。

### （三）信息服务体系日趋完备，共享便捷

资源监测的信息化建设发展迅速，各相关行业不仅重视对原有纸质信息的数字化，同时更加注重对基础数据的深层次开发利用以及信息共享平台的建设工作。国土资源部早在1999年就提出了国土资源信息化"十五"规划并启动"数字国土"工程，及时组建信息中心专门负责组织实施信息化建设，采用信息资源规划的方法，按照先进的信息资源管理理念，分别从概

念、逻辑和物理3个层次对现有信息资源进行科学、合理的规划；在全面理清现有数据资源基础上，按照相应的标准和规范，充分整合与利用已有的土地、地质、矿产、海洋、测绘等多项信息资源，形成以国土资源信息为主、兼具多种分析预测和决策支持功能的信息综合服务体系；同时建立国土资源信息公开查询系统，既为政府决策提供科学依据，又为整个社会提供方便快捷、形式多样、内容丰富的公益性国土资源信息服务。水利部水土保持监测中心不仅对国家和省级水土保持监测成果实行定期公告制度，而且对于重点省、重点区域、重大开发建设项目的监测成果，也根据实际需要不定期进行发布。国家环境保护总局要求负责编制各类监测报告的环境监测站，必须及时将各期监测报告发送给主管部门和提供有关监测数据与资料的单位，从而保证监测信息的双向交流与共享；环境监测总站对于一些国际合作项目监测或向其他单位提供有关监测成果（报告、数据、资料）时，除了必须严格遵守相关的审批制度外，还尝试实行有偿服务。

## （四）监测方法手段科学先进，效率提高

目前各相关行业的监测大多具备较完备的技术体系，采用了宏观与微观监测相结合、区域与重点监测相配套的方法；同时利用先进的仪器设备和技术手段，使监测工作的整体效率得到了大幅度提高。国土资源部自1999年以来在新一轮国土资源大调查中，充分利用遥感技术手段对重点地区进行了连续监测，使用了多种类型、多时期的遥感数据，清晰、准确地反映了土地利用的实际情况，为土地利用监测和土地规划决策提供了科学依据。水利部水土保持监测中心通过多种方式积极探索高新技术在监测工作中的应用，已建立了一套高效、准确的遥感监测方法，全面应用于全国水土流失及小流域综合治理监测，为开展水土流失生态环境状况普查和各项动态监测提供了强大的技术保障。与此同时，通过国际交流与合作等方式，还引进了一些先进的监测设备和仪器，大幅度提高了监测效率，保证了监测成果的准确性。如水利部在1999年率先引进了国外先进适用的全数字摄影测量工作站、遥感处理软件、地理信息系统软件、全球定位系统、输入输出设备等，开展了黄河流域水土保持遥感普查和重点区生态环境动态监测工作，取得了一系列成果，获取了数据量高达250GB的全流域基础数据，为我国水土保持监测事业的快速发展奠定了良好基础。

## （五）监测能力建设倍受重视，保障有力

各行业主管部门普遍重视能力建设。一方面坚持以人为本，建立健全各级监测队伍，保证人员编制，重视人才培养；另一方面重视基础建设，改善工作环境，提高装备水平。如1999年新成立的国土资源部信息中心设有150人的编制，现有人员中具有硕士以上学位的占技术人员总数的26%，具有高级职称的占50%；拥有千兆以太技术构成的大型网络系统和先进的系统开发与数据库管理软硬件运行环境，以及2000多平方米的信息化专用机房；同时近年来在信息中心下还建立了国土资源科学数据中心和3个分中心，成为国土资源数据管理的核心单位。国家环境保护总局所属的中国环境监测总站成为了全国环境监测的技术中心、信息中心、网络中心和培训中心；全国从事环境监测的各级站点达2300多个，监测队伍人数达到4.6万余人。水利部水土保持监测中心拥有一支包括博士后、博士、硕士在内的专业技术队伍；并通过定期举办培训班的方式，先后培养了300多名具有水土保持生态建设工程师资格证书的专业人才；同时与中国水土保持协会合作，举办了多期水土保持方案编制甲级资质单位持证上岗人员培训班，为全国水土保持行业培养了大批人才，为监测体系的高效运转提供了有力保障。

# 第 四 章

## 森林资源与生态状况信息需求分析

  21世纪是信息的时代，无论是一个国家、地区、单位、企业还是个人，如果没有准确、及时、灵敏的信息，就将失去发展的竞争力而难以生存。因此，一些具有远见卓识的人士提出了"以信息求生存、求发展"的真知灼见。当今社会，资源与环境问题是人类面临的两大主题。随着对地球生态与环境承受人类活动压力不断增加的认识逐渐清晰，人们越来越关注陆地生态系统与全球气候变化的相互作用，各级政府和决策者们也越来越需要了解有关的各种信息，以便为环境污染防治、自然资源管理、可持续发展战略规划及应对全球气候变化的影响等方面进行科学决策，以及为各种生产经营计划的制定和实施效果评价提供科学依据。随着经济全球化的不断发展和中国改革开放的日益深入，中国参与国际事务和进行国际合作与交流的活动日益频繁，信息需求量越来越大，种类越来越多，覆盖的领域范围越来越广。随着中国经济的快速发展，人们对资源开发利用的认识也发生着深刻的变化，逐步从粗放经营向集约经营的思想转变，从单一利用向可持续经营的思想转变；对信息的需求也发生着从简单到复杂、从单一到综合、从局部到整体的变化。新中国成立以来，我国的森林资源与生态状况监测工作得到了长足发展，信息供给能力日益增强。但能否满足国内外日益增长的信息需求，需要对不同层面的信息需求进行全面分析，为建立全国森林资源和生态状况综合监测体系提供依据。

  信息需求分析是建立监测体系的一项重要的基础工作。信息的获取是为一定的目的服务的，不同层面的用户有不同的信息需求。归纳起来，信息需求可以从国际合作与交流、国家宏观决策、生态建设与林业发展、相关行业及社会公众等4个层面来进行分析。

# 第一节 国际合作与交流信息需求

人类只有一个地球。为了地球生态安全和人类社会可持续发展，人类每一项活动的开展都应考虑维护地球生态安全。由世界各国共同组成的最高国际组织——联合国（UN）为协调世界各国行动、维护世界和平及安全、促进国际合作，开展了一系列活动，制定和执行了一系列国际公约，出版了一系列资源与生态状况报告，这些都需要强大的信息支持。这些公约和组织主要包括：联合国粮食与农业组织（FAO）、《联合国防治荒漠化公约》（UNCCD）、《联合国气候变化框架公约》（UNFCCC）、《生物多样性公约》（CBD）、《濒危野生动植物种国际贸易公约》（CITES）、《京都议定书》、《湿地公约》（拉姆萨尔）、《世界遗产公约》以及世界自然保护联盟（IUCN）、国际热带木材组织（ITTO）等。他们每年或定期要求各成员国提供相关的资源与生态状况信息，了解各国的资源与生态状况，分析各国履行有关国际资源与生态安全公约的进展，编辑出版相关报告，如《世界森林状况》等。

作为国际层面的信息需求，其目的主要是掌握全球的自然资源与生态总体状况或宏观情况（数量、质量、类型、分布等），资源变化对生态系统维持和经济社会发展的贡献，以及了解各国对相关国际公约的履约情况等。

目前，中国已加入多个国际组织和国际公约。下面将重点讨论中国已履约且与森林资源和生态状况等关系密切的《联合国防治荒漠化公约》、《湿地公约》、《生物多样性公约》、《濒危野生动植物种国际贸易公约》、联合国粮食与农业组织、政府间森林问题工作组/森林问题论坛(IPF/IFF)建议行动、国际热带木材组织等的信息需求情况。

## 一、有关国际公约信息需求

### （一）《联合国防治荒漠化公约》信息需求

国际社会长期以来就认识到，荒漠化是世界各地区许多国家所关注的一个重要经济、社会和环境问题。早在1977年，联合国防治荒漠化大会就通过了一项《防治荒漠化行动计划》，但没有使干旱、半干旱地区和亚湿润干旱地区的土地退化问题得到解决。因此，在1992年巴西里约热内卢召开的联合国环境与发展大会上，再次关注这一重要议题，1994年6月17日在法国巴黎通过了《联合国防治荒漠化公约》，于1996年12月正式生效，中国是该公约缔约国之一。本公约的目标是在发生严重干旱或荒漠化的国家，采取有效措施，建立国际合作伙伴，以期协助受影响地区实现可持续发展；实现一项长期的综合战略，使受影响的地区提高生产力，恢复、保护并可持续的方式管理土地资源和水资源，从而改善社区生活条件。根据该公约的要求，每两年召开一次缔约国大会，会议要对各缔约国提交履行该公约的国家报告进行审查。根据《联合国防治荒漠化公约》秘书处的要求，中国在2000年、2002年已提交两次国家报告。此后，每两年一次的审查不再涉及所有的缔约国，而是在全球分大区进行。根据要求，2006年中国将提交第三次国家报告。

国家履约报告对土地荒漠化方面的信息需求主要包括现状、动态变化、荒漠化造成的影响及防治等几个方面：

#### 1. 荒漠化现状信息

荒漠化土地面积及占国土面积的比例，占干旱、半干旱和亚湿润干旱区总面积的比例；

荒漠化类型（风蚀荒漠化、水蚀荒漠化、土壤盐渍化和冻融荒漠化）及各类型的面积和比例。

### 2. 荒漠化动态信息

荒漠化扩展速度或净增面积，其中自然地理条件和气候条件变异产生的荒漠化面积和人为活动（沙区过牧，乱砍滥伐、乱樵采、滥挖，水资源的不合理利用和毁林开垦等）产生的荒漠化面积，荒漠化分布区域。

### 3. 荒漠化影响信息

受荒漠化影响的人口、交通、城市、工矿企业、水利等，荒漠化造成的经济损失，荒漠化地区人均收入；荒漠化地区每年水土流失的泥沙量，风沙灾害天气日数，河流断流日数，湖泊缩小的面积，沙化的耕地、草场面积。

### 4. 荒漠化防治信息

营造林面积和株数，人工种植、飞播造林种草和改良的草场面积，管护（包括自然保护区、围栏）的森林和草场面积，治虫灭鼠面积，轮牧区面积；荒漠化防治相关工程的保护植被面积、造林种草面积、飞播造林种草面积、封沙育林育草面积。

## （二）《湿地公约》信息需求

湿地与人类具有相互依存的关系，还具有调节水分循环和维持湿地特有的动植物栖息地的基本功能，以及巨大的经济、文化、科学和娱乐价值。早在20世纪70年代国际社会就对湿地及其动植物的保护达成共识。《湿地公约》于1971年在伊朗拉姆萨尔签署，它已成为国际上重要的自然保护公约，中国于1992年正式加入该公约。按照《湿地公约》缔约国大会决议，各缔约国应每6年（两届）对其境内的国际重要湿地数据信息表的数据信息进行确认，并提交到公约执行局。该信息表包括如下具体内容：

### 1. 信息采集的基本情况

采集日期、采集人及地址。

### 2. 湿地资源状况

湿地名称、地理位置、行政区划、分布、海拔、面积、自然和生态特征及其显著的价值和效益，自然特征（地质、地貌、起源、水文、土壤类型、水质、水深、水的永久性、水位变化、潮汐类型、流域面积、下流地区、气候等），水文价值（补充地下水、控制洪水、阻截沉积物、稳固海岸等），生态特征（动植物栖息地和植被类型），重要植物区系（独特、稀有、濒危、丰富或具有生物地理重要性的物种或群落的种类、名称和数量），社会和文化价值（渔业生产、林业、宗教重要性、考古等），土地使用/所有权（湿地本身、周边地区），土地利用现状（湿地本身、周边地区/积水区），影响湿地生态特征的不利因素（湿地本身和周边地区土地利用的改变和开发）。

### 3. 湿地保护状况

采取的保护措施（国家级保护区的级别和法律地位、管理实践、规划及实施情况，建议但尚未实施的保护措施等）、研究现状、保护教育现状、娱乐与旅游现状、管辖权、管理机构等。

## （三）《生物多样性公约》信息需求

《生物多样性公约》是一项保护地球生物资源的国际性公约，于1992年6月5日，由签约国在巴西里约热内卢举行的联合国环境与发展大会上签署。《生物多样性公约》于1993年初获得批准，中国成为该公约的缔约国之一。本公约旨在从事保护生物多样性、持久使用其组成部分以及公平合理分享由利用遗传资源而产生的利益；实现手段包括遗传资源的适当取得及有关技术的适当转让。该公约规定定期举行缔约国大会。从1996年开始，缔约国大会每两年召开一次，各缔约国向联合国《生物多样性公约》秘书处提交履行《生物多样性公约》国家报告。根据要求，我国于1998、2000、2005年提交了3次国家报告。报告要求的与森林资源和生态状况相关的生物多样性信息包括如下内容：

**1. 生物多样性资源状况**

(1) 生物多样性清单。根据差异性、丰富性及代表性，查明生物多样性组成成分，即生态系统、生境、群落和物种以及对社会、科学、经济具有重要性的基因组和基因；需要采取紧急保护措施以及具有最大持续利用潜力的组成部分；对保护和持续利用生物多样性产生或可能产生重大不利影响的过程和活动种类。

(2) 生态系统多样性。包括森林、草原、荒漠、湿地、海洋、海岸、农田等生态系统类型、名称、数量和面积。

(3) 物种多样性。植物种类（高等植物、低等植物）、名称和数量，动物种类（脊椎动物、非脊椎动物）、名称和数量。

**2. 生物多样性保护状况**

需要保护（包括就地保护和异地保护）物种的清单，包括物种名称、生物学和生态学特性、数量和分布等。

(1) 就地保护。按照世界自然保护联盟（IUCN）的标准，应建立的自然保护区数量、面积和分布以及保护的物种种类；已建立的自然保护区的数量、面积、分布、保护的物种种类和数量，占应保护的比例；自然保护区生物廊道的数量、面积和连接自然保护区的数量；重建和恢复已退化的生态系统的类型、数量、面积及分布，保护的物种种类和数量；外来物种的种类、名称、分布和数量，其中有害入侵物种的种类、名称、分布和数量。

(2) 异地（迁地）保护。需要异地保护的物种种类和保护规模，已建立动物园、植物园等的数量、分布和规模，占应保护的比例；传统的生物多样性保护的文化和知识。

**3. 生物资源利用状况**

野生动植物的种类和数量，栽培和驯养的动植物种类、数量及利用状况。

## （四）《濒危野生动植物种国际贸易公约》信息需求

野生动植物是生态环境重要的组成部分，但随着社会经济的发展，许多动植物种正以前所未有的速度灭绝。造成物种灭绝的原因是多方面的，但每年达几十亿美元的国际野生动植物商业贸易所造成的野生动植物资源的破坏，甚至造成某些物种的灭绝或濒于灭绝正越来越严重。为了防止商业贸易对野生动植物种的过度利用导致物种灭绝的危险，1973年3月3日，21个成员国在美国华盛顿签署了《濒危动植物种国际贸易公约》（简称CITES），并于1975年7月1日实施。现在《濒危动植物种国际贸易公约》约有140个成员国，公约的保存国为瑞士。我国于1980年12月25日加入《濒危动植物种国际贸易公约》，1981年4月8日对我国正式生效。

缔约各国认识到，许多美丽的、种类繁多的野生动物和植物是地球自然系统中无可代替的一部分，为了我们这一代及今后世世代代，必须加以保护；意识到，从美学、科学、文化、娱乐和经济观点看，野生动植物的价值都在日益增长；认识到，各国人民和国家是，而且应该是本国野生动植物的最好保护者；并且认识到，为了保护某些野生动物和植物物种不致于由于国际贸易而遭到过度开发利用，进行国际合作是必要的；确信，为此目的迫切需要采取适当措施。

我国是该公约的缔约国之一，应履行该公约的各项决议，按规定提交《履约报告》。本公约规定，秘书处至少每隔两年召集一次例会，除非全会另有决定，如有1/3以上的成员国提出书面请求时，秘书处得随时召开特别会议。各成员国在例会或特别会议上，应做本国公约执行情况报告。报告内容包括：

(1) 可能因贸易影响濒临灭绝的物种种类、名称、数量、分布；

(2) 可能因贸易影响变成灭绝危险的物种种类、名称、数量和分布；

(3) 在管辖范围内需要防止或限制开发利用的物种种类、名称、数量和分布等。

## 二、联合国相关报告信息需求

### (一)《世界森林状况》报告信息需求

由联合国粮食与农业组织编辑出版的《世界森林状况》报告，从1995年以来，每两年出版一期，已连续出版了6期。《世界森林状况》报告是一部关于森林资源与森林生态系统状况的综合信息统计与分析报告，它要求世界各国每两年提供一次信息。这些信息包括森林资源范围、森林健康、生物多样性、森林资源的生产功能、森林资源的保护功能和社会经济功能等6个方面的4个统计汇总表和15个评价报告表。具体包括以下内容：

**1. 统计汇总信息**

(1) 各国和地区基本数据。国土面积、人口（数量、密度、年变化率、农村人口）、经济指标（人均国内生产总值、国内生产总值年增长率）等。

(2) 森林面积及其变化。国土面积、森林面积（森林总面积、占国土面积的比例、人均森林面积、人工林面积）、森林覆盖变化（年度变化量、年度变化率）。

(3) 森林类型、蓄积量及生物量。森林类型（热带、亚热带、温带、寒温带/极地）、森林林木蓄积（总蓄积量、每公顷蓄积量）、森林林木生物量（总生物量、每公顷生物量）。特别强调红树林面积、各类山地森林（热带亚热带湿润山地森林、热带亚热带干旱山地森林、温带北温带常绿针叶山地森林、温带北温带落叶山地森林、温带和北方阔叶及混交山地森林）面积。

(4) 林产品生产、贸易及消费量。木质燃料、工业原木、锯木、木质人造板、纸浆、纸张与纸板。

**2. 森林资源评估**

为了准确评估世界森林状况，联合国粮食与农业组织于2003年11月在意大利首都罗马召开了由120个国家参加的关于2005年全球森林资源评估问题的会议，确定了2005年全球森林资源评估计划。该计划要求世界各国应提交森林范围等15个方面的评估报表，具体内容见表4-1。

表4-1 森林资源评估要素

| 项目 | 内容 |
| --- | --- |
| 森林和林地范围 | 国土面积、耕地面积、牧场面积、林地（森林和其他林地）、其他土地和内陆水域的面积。森林（其中森林指面积超过0.5公顷、树高超过5米、郁闭度超过10%的森林，不包括农用林和集体林；其他林地指面积超过0.5公顷，树高超过5米，郁闭度5%～10%，或覆盖度超过10%的灌木林地；其他土地指所有其他林地）面积等 |

（续）

| 项目 | 内容 |
|---|---|
| 按权属的森林面积 | 提供不同权属的森林、其他林地的面积，权属包括公有（国家、省（州）、地区政府、政府机构或城市、乡村等公共团体）；私有（个人、家庭、个人合作、企业、宗教、科研教育机构、投资基金和另外的私人机构）和其他（公有和私人之外的森林） |
| 按森林功能统计的森林面积 | 按照森林和其他林地两类，从主要功能、所有功能两方面描述森林或林地的木材生产、水土保持、生物多样性保护、社会服务 |
| 按森林特征统计的面积 | 按照森林和其他林地，分别提供原始森林、次生林、近自然森林、人工商品林、人工公益林（保护林）的面积 |
| 森林蓄积 | 提供活立木蓄积和商品林蓄积信息，其中蓄积的计算包括最小量测胸径、树干地径和顶部直径、树枝最小直径 |
| 生物量储量 | 地上生物量（表土以上的生物的叶、花、果、干、枝、皮等）、地下生物量（所有活的直径超过2毫米的根）、死亡木的生物量（包括所有站立或倒下的地上或地下的死的木质生物量）、生物量总量和单位产量 |
| 碳储量（碳汇） | 地上活生物量的碳、地下活生物量的碳、死树生物量碳、其他废弃物的碳、土壤碳；二氧化碳排放量、森林及土壤的碳存储与排放量等 |
| 生态系统健康与活力 | 人为活动对生态环境的破坏，包括侵占、开发为农地，道路、水利、城镇居民点建设与开矿用地，轮作农业、非法用火、游牧放牧、盗伐和偷猎，不合理经营、污染、外来有害生物入侵等数量和分布；火灾对森林内外的影响（烧毁的生命物质包括人、动物和植物，财产和释放的有害气体及影响等），虫害鼠害对森林健康的影响，细菌、真菌、病毒等对森林的影响 |
| 生物多样性 | 物种数量以及根据世界自然保护联盟红皮书标准的濒危物种数量、关键的濒危物种数量、受威胁的物种数量。并要求根据地理分布和入侵行为将物种划分为4个类型，即本地物种、外来物种已本地化且具有入侵行为、外来物种已本地化、外来物种未本地化。自然保护区（面积、数量、比重）、哺乳动物、鸟类、高等植物、濒危野生动植物清单等 |
| 立木蓄积组成 | 最常见的前10个树种的蓄积量，其他树种的蓄积量 |
| 木材产量 | 包括工业用材产量和能源用材产量 |
| 木材产值 | 包括按照当地价格计算的工业用材和能源用材的产值 |
| 非木质林产品产量 | 植物产品及原料（食物、饲料、药材及香料、染料、器具及手工艺品和建筑用品、观赏植物、分泌物质、其他植物产品）的产量；动物产品及原料（活动物、皮革及营养物质、蜜蜂及蜂蜡、药材、颜料和染料、可食用的动物产品、不可食用的动物产品）的产量 |
| 非木质林产品产值 | 按当地价格计算的上述各类植物和动物产品产值 |
| 林业就业 | 包括主要林产品生产人员、服务人员和参与林业活动的临时人员的数量 |

### （二）联合国森林论坛国家报告信息需求

1992年6月在巴西里约热内卢召开的联合国环境与发展大会，通过了一系列重要决定，如《环境与发展宣言》、《21世纪议程》、《联合国气候变化框架公约》和《生物多样性公约》。但由于森林问题的复杂性，围绕是否缔结国际森林公约问题，发达国家和发展中国家针锋相对，会议没有就森林问题的国际文书达成共识，只通过了一个无法律约束力的《关于森林问题的原则声明》。

联合国环发大会以后，许多国家特别是发达国家要求开展关于国际森林问题的政策对话。1992年12月，联合国大会批准了环境与发展大会的成果，并通过决议成立了隶属于经社理事会的可持续发展委员会。1995年6月，经社理事会决定在可持续发展委员会下成立政府间森林问题工作组（IPF），继续政府间森林问题的政策对话。森林工作组的任务是在2年的期限内，通过召开4次会议，就与国际森林问题有关的5个方面问题开展讨论（即：①执行联合国环境与发展大会有关森林问题决议的情况；②财政援助和技术转让中的国际合作；③科学研究、森林评价和制定森林可持续经营的标准和指标；④与森林产品和服务有关的贸易与环境问题；⑤国际组织和多边文书，包括有法律约束力的机制。），寻求共识，提出行动建议，并最终形成一份报告，提交1997年召开的可持续发展委员会第五次会议讨论。森林工作组经过激烈的辩论，最终就5个方面12个议题通过了约150条行动建议。

根据可持续发展委员会第五次会议的建议和第十九届特别联大的决议，1997年7月，经社理事会决定在可持续发展委员会下成立政府间森林问题论坛（IFF），以继续森林工作组未尽的工作。森林论坛的期限也为两年，其任务是就全球制定关于国际森林问题的有法律约束力的机制找出解决办法，并在2000年向可持续发展委员会第八次会议提交报告。森林论坛最后也通过了一个包括130余条行动建议的报告提交给可持续发展委员会第八次会议。但是，在资金机制、技术转让、贸易与环境、国际森林文书等方面仍然存在重大分歧。2000年10月，经社理事会根据可持续发展委员会第八次会议的建议，决定在经社理事会下成立联合国森林论坛（UNFF），并作为联合国的常设机构。联合国森林论坛的使命是通过5年的政府间国际森林政策对话，就是否最终通过谈判缔结国际森林文书作出最后决定。

联合国森林论坛国家报告需要的森林资源和生态状况的具体信息如下：

#### 1. 生态系统状况

（1）森林资源。土地总面积、林地面积、森林面积、森林覆盖率、森林蓄积量、年生长量、年消耗量、人均森林面积和蓄积量，森林单位面积蓄积量；人工林保存面积；天然林面积及占森林面积的比例，其中处于基本保护状态的天然林，零散分布于全国各地生态地位一般的天然林，集中连片分布于大江大河源头、大型水利工程周围和重要山脉核心地带等重要地区的天然林。

（2）动植物资源。动物资源包括全部的兽类、鸟类、爬行、两栖的种类以及特有、濒危野生动物种类；植物资源包括全部裸子植物、被子植物以及特有、濒危野生植物种类。

（3）湿地资源。湿地类型及其特点、湿地面积，其中天然和人工湿地面积。

（4）荒漠化状况。荒漠化类型及特点，荒漠化土地面积，占国土面积的比例，其中沙质荒漠化面积，占荒漠化土地面积的比例；荒漠化土地主要分布，其中最严重地区的分布情况。

#### 2. 生态系统动态变化与影响

水土流失面积，占国土面积的比例，每年流失土壤数量，每年的扩展速度。

野生动植物物种减少的种类及占总物种的比例，每年因水、旱等自然灾害造成的直接经济损失。

每年因荒漠化造成的直接经济损失，受荒漠化影响的土地总面积，沙化土地年均扩展速度。

湿地减少面积，湿地年减少速度。

### 3. 林产品供需状况

林产品供需状况，商品材年消耗量，供需缺口。

### 4. 生态系统保护

用于野生动植物及其栖息地保护的森林和湿地生态系统的类型、数量、面积和分布；

建立的自然保护区个数、面积及比例，其中，国家级自然保护区个数、面积及比例，野生动物救护繁育中心和珍稀植物种质种源基地的个数及面积；

已完成造林面积，沙地被改造成农田、牧场、果园面积，草场得到恢复和保护的面积，开发沙区面积，其中人工治沙造林面积，飞播造林种草面积，封沙育林育草面积，治沙造田及低产田改造面积，人工种草及改良草场面积，沙地森林覆盖率变化，沙丘高度降低率，沙丘年移动速度，每年流入河流的泥沙减少量，沙区粮食产量，饲养的牲畜种类和数量，造林面积及成活率，飞播造林及成效，耕地和草场年退化面积，湖泊年缩水面积，流域内河道枯干面积及比例，森林及草场衰退面积及比例，荒漠化防治工程建设面积、分布及效果；

治理水土流失面积，包括修梯田、建坝地、治沙造田、人工造林、飞播造林、封山育林等。

## （三）国际热带木材组织信息需求

国际热带木材组织（ITTO）最初由"国际热带木材协定（ITTA，1983）"建立的。这个协议是在联合国贸易与发展会议（UNCTAD）主持下经有限时间协商形成的，并于1985年正式生效。该组织于1987年开始运作，到2005年，该组织共有成员国56个，其中热带木材生产国31个，热带木材消费国25个。我国于1986年正式加入该组织，属消费国之一。该组织下设3个委员会，即经济信息与市场信息委员会、造林与森林经营委员会、森林工业委员会。其宗旨是：在所有成员间关于世界木材经济的相关方面，提供一个商议、国际合作和政策制定的有效框架；提供一个促进非歧视木材贸易实践的商议论坛；促进可持续发展进程；增强成员国实施"实现热带木材和木材产品出口源于可持续经营的资源"战略的能力；通过改进国际市场的结构状况，促进源于可持续森林的热带木材的国际贸易的推广和多样化；改进热带木材生产林的森林经营和木材利用效率，增强保护和促进其他森林价值的能力；改进市场信息以确保国际木材市场的更大的透明度，包括收集、编辑和传播有关贸易的信息，以及与贸易树种相关的信息；改进生产成员国可持续热带木材的深加工，促进其产业化发展，同时也增加就业机会和出口收入；鼓励成员国支持和发展热带木材工业人工林、开展森林经营活动及恢复退化的林地，并适当考虑依赖森林资源的地方社区的利益；促进源于可持续经营资源的热带木材的出口销售和分销；鼓励成员国研究生产林及其基因资源的可持续利用与保护，维持在热带木材贸易的背景下的区域生态平衡等国家政策；鼓励在执行这一协议目标时的技术获取、交流和合作，包括经双边同意，特许的和可选择的项目和条件；鼓励在国际木材市场中信息共享。在国际热带木材组织的合作与交流中需要的信息包括：

### 1. 年度报告信息

国际热带木材协定（ITTA）规定：理事会在每个日历年结束后6个月内发表关于其活动的

年度报告和它认为适当的其他资料。

理事会每年根据①成员提供的关于木材的全国产量、贸易、供应、储存、消费和价格的资料；②成员按理事会要求提供的其他统计数据和专项指标；③成员提供的关于实现永续经营其产材森林方面的进展的资料；④直接获得的，或通过联合国系统各组织和政府间组织、政府组织、或非政府组织获得的其他有关资料。依此审查和评价：①国际木材状况；②被认为与实现本协定之目标有关的其他因素、问题和动态。

**2. 期刊发表信息**

ITTO每年除发表年度报告外，该组织每年要发表6期《热带林经营通讯》期刊，需要各成员国提供项目执行情况（项目进展与项目成果等），热带林营造、抚育管理、采伐更新、加工利用、产品销售以及资源保护（森林火灾、病虫害防治）等方面的信息。

**3. 热带天热林可持续经营标准与指标应用信息**

为了实现ITTO的目标，促进热带森林可持续经营，该组织在1992年3月出版的《热带林可持续经营测定标准》的基础上，1996年开始起草《热带天然林可持续经营标准与指标》，并于1998年5月在加蓬利伯维尔举行的ITTO理事会上通过。为了配合本标准与指标的应用，随后编制了应用手册，鼓励各成员国推广应用。该标准与指标共有7项标准和66项指标，在该标准与指标的应用信息需求中，与森林资源与生态状况监测有关的标准6项，指标36项。这些信息来自国家或森林经营单位两个层次，具体见表4-2。

**表4-2 ITTO热带天然林可持续经营标准与指标应用信息需求**

| 标准 | 指标 | 层次 | |
|---|---|---|---|
| | | 国家 | 森林经营单位 |
| 森林资源的安全 | 1. 面积及其占土地总面积的比例：<br>(1) 天然林，(2) 人工林，(3) 永久性森林用地，<br>(4) 全面综合的土地利用计划 | + | + |
| | 2. 各种森林类型面积及占土地总面积的比例 | + | + |
| | 3. 已划定边界或明确规定的永久性森林用地外部边界的长度和比例 | + | + |
| | 4. 永久性森林用地转成永久性非森林用地的面积 | + | + |
| 森林生态系统健康和状态 | 5. 在永久性森林用地中，以下内容的程度和特征：<br>(1) 侵占；(2) 农业；(3) 道路；(4) 采矿；(5) 水坝；<br>(6) 非计划用火；(7) 轮作农业；(8) 游牧放牧；(9) 非法开发；<br>(10) 不合理的收获活动，(11) 在采伐周期内多次采伐（重新进入）；<br>(12) 狩猎 (13) 其他森林损害方式，如水文学机制、污染、有害的外来动植物的引进、放牧等（这些均应详细说明） | + | + |
| | 6. 在永久性森林用地中，由于以下原因引起的森林损害的程度和特征<br>(1) 野火；(2) 干旱；(3) 暴雨或自然大灾难；(4) 病害虫；<br>(5) 其他自然因素 | + | + |
| | 7. 防止病虫害侵入的检疫和植物卫生程序的现状和实施情况 | + | - |
| | 8. 防止有潜在危害的外来动植物物种引进程序的现状和实施情况 | + | - |
| | 9. 包含以下两方面程序的有效性和实施情况：<br>(1) 在森林中化学药品的使用；(2) 火的管理 | + | + |

（续）

| 标准 | 指标 | 层次 | |
|---|---|---|---|
| | | 国家 | 森林经营单位 |
| 森林产品的生产过程 | 10. 应用清查和调查程序明确说明（以下内容）的森林面积及比例：<br>(1) 主要森林产品的数量；(2) 资源权属 | + | + |
| | 11. 各森林类型各主要木质和非木质林产品的可持续收获水平的估计值 | + | + |
| | 12. 各森林类型的木质和重要的非木质林产品收获的数量（材积） | + | + |
| | 13. 用于被收获的各主要木质和非木质林产品的经营指南的有效性和实施情况 | + | + |
| | 14. 监测和检查经营指南程序的有效性和实施情况 | + | + |
| | 15. 减轻/减少采伐对保留林分的损伤至最小程度的指南的有效性和实施情况 | + | + |
| | 16. 以下内容的有效性和实施情况：<br>(1) 实施经营指南的综合评估程序；<br>(2) 评估对保留木损伤程度的程序；(3) 评估更新效果的伐后调查 | + | + |
| | 17. 采伐面积比例：<br>(1) 完全按经营指南实施的；(2) 已用来评估更新效果的伐后调查的 | + | + |
| 生物多样性 | 18. 各种森林类型的保护区统计<br>(1) 数量；(2) 面积；(3) 森林类型比例；<br>(4) 保护区的大小范围和平均规模；(5) 划定或明确界定边界的比例 | + | - |
| | 19. 由生物廊道或"踏脚石"相联着的保护区总数的比例 | + | - |
| | 20. 鉴别森林动植物区系中濒危、珍稀和受威胁物种的程序的现状和实施情况 | + | + |
| | 21. 依赖森林的濒危、珍稀和受威胁物种的数量 | + | + |
| | 22. 选择的濒危、珍稀和受威胁物种的分布范围占原来分布范围的比例 | + | + |
| | 23. 森林动植物区系中商业性的、濒危的、珍稀的和受威胁的物种内遗传多样性就地和（或）迁地保护策略的现状和实施情况 | + | + |
| | 24. 与未受人类干扰的相同森林类型地区相比，评价生产性森林的生物多样性变化程序的现状和实施情况 | + | + |
| 土壤和水 | 25. 主要用于水土保持的森林总面积和比例 | + | + |
| | 26. 其异地集水量在采伐前已被确定、证明和保护的采伐区面积和比例 | + | + |
| | 27. 采伐前已被确定为环境敏感（如非常陡峭和易侵蚀）和受保护的区域被采伐的面积和比例 | + | + |
| | 28. 采伐前排水系统已被明确划定并受保护的伐区面积和比例 | + | + |
| | 29. 受充足的缓冲带保护的水道、水体、红树林和其他湿地的边界长度的比例 | + | + |
| | 30. 鉴定和划定用于水土保持的敏感区域的程序的现状和实施情况 | + | + |
| | 31. 林道布置（包括排水设施、沿溪河两岸的缓冲带的保护）指南的有效性和实施情况 | + | + |
| | 32. 采伐程序的有效性和实施情况<br>(1) 防止采伐机械造成的土壤压实；<br>(2) 防止在采伐过程中造成的土壤侵蚀 | + | + |
| | 33. 评价产自生产性森林的溪流（与产自未受人类干扰的相同类型森林的溪流比较）水质变化程序的现状和实施情况 | + | + |

（续）

| 标准 | 指标 | 层次 | |
|---|---|---|---|
| | | 国家 | 森林经营单位 |
| 经济、社会和文化方面 | 34. 主要可用于以下方面的森林场所的数量与面积： | | |
| | （1）科研 | + | - |
| | （2）教育 | + | - |
| | （3）当地社区直接使用和受益 | + | + |
| | （4）游憩 | + | + |
| | 35. 林分贮藏的碳总量 | + | - |
| | 36. 已鉴定、在图上标注和受保护的重要考古和文化遗址的数量 | + | + |

注："+"表示需要提供的信息，"-"表示不需要提供的信息。

## （四）世界自然保护联盟（IUCN）关于受威胁物种划分信息需求

几个世纪前,人类就开始进行环境监测，1946年，国际渔业公约签署、国际捕鲸委员会成立时,人类对海洋动物进行监测的要求已十分强烈。20世纪60年代后，许多重要论著强调了环境和生物监测的重要性，1962年出版的《寂静的春天》及此后出版的许多论著都强调了生物监测的重要性,并提出了生物监测的目标。1972年联合国环境与发展大会通过了全球环境监测构想并建立了全球环境监测系统,从而大大促进了全球环境监测的进程,这被认为是世界环境监测的起始标志。野生动物监测作为环境监测的一部分，也随之日益发展。许多野生动物保护和监测国际组织相继成立，有关重要国际公约相继签署。如1948年成立的世界自然保护联盟(IUCN)的主要任务之一就是对野生动物进行监测，为此，世界自然保护联盟于1980年建立了世界保护监测中心(WCMC)，并提出了受威胁物种的类型及其分类标准，森林资源与生态状况监测应为此提供必要信息支撑。

### 1. 受威胁物种划分类型

按照2001年3.1版《世界自然保护联盟物种红色名录等级和标准》，对物种濒危状况的评估共分为灭绝（Extinct,EX）等9类（图4-1）。在世界自然保护联盟2003年的修改版中，增加了地区灭绝（regionally Extinct, RE）和不宜评估(Not Applicable, NA)两个类型。地区灭绝是指在一个地区灭绝，但在世界其他地方还有自然生长的的物种；不宜估计是指在某一地区处于分布边缘，由于数据缺乏，不适合在目前状态下评估的物种。这两种可以归并到濒危物种的类型之中。

灭绝种（EX）：当没有理由怀疑一个物种的最后一个个体已死亡时即说明这个物种已灭绝。

野外灭绝种（EW）：物种的野生灭绝是指它仅在优于原来野外条件下栽培、饲养或驯化群体的状态下成活。认定物种在野外已灭绝的条件是，在该物种已知的或预期的栖息地详尽调查中，早一定的时间（每日的、每季节的、每年的）里，所有的历史性记录中都没有该物种的个体出现。调查时间必须跨过该物种的生命周期和生活形态期。

极危种（CR）：指一分类单元的野生种群面临即将灭绝的几率非常高时的危险程度。即

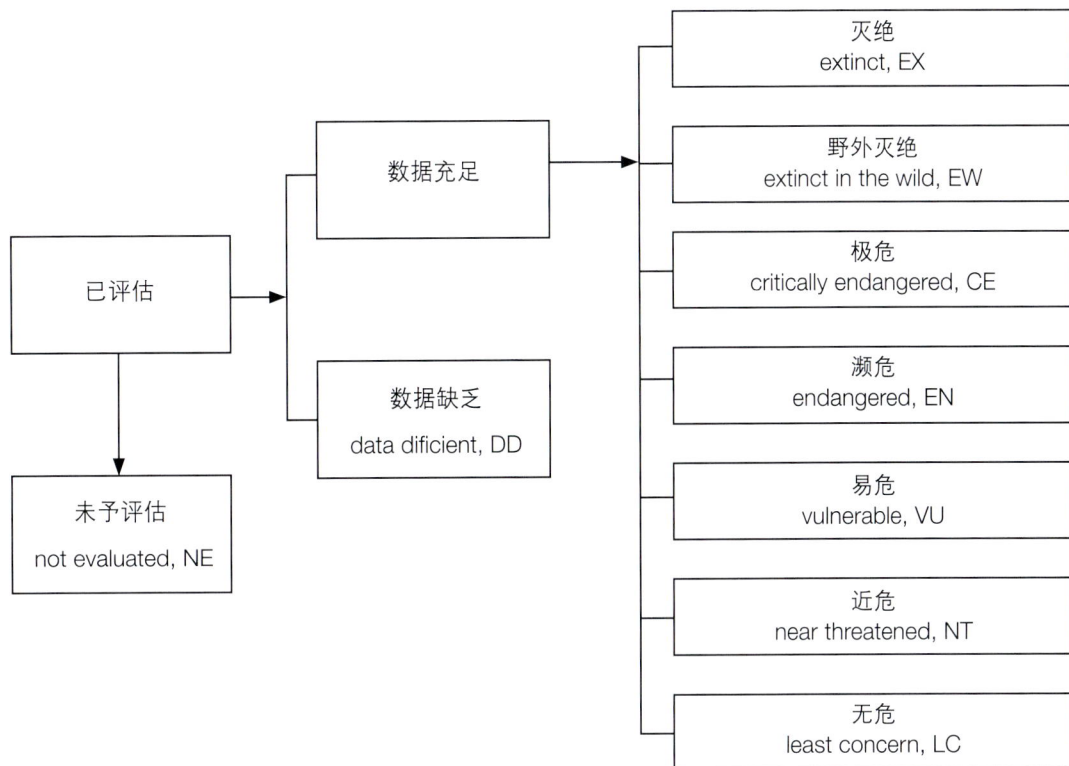

图4-1　濒危物种等级体系

种群数量减少，分布区面积小于100平方千米或占有面积小于10平方千米，经估计或推断种群个体数持续衰退减少或波动较大，野外灭绝的几率达到50%。

濒危种（EN）：指一分类单元未达到极危标准，但是野生种群在不久的将来面临灭绝的几率很高，即种群数量在持续减少，分布区面积少于5000平方千米或占有面积少于500平方千米，种群的成熟个体数少于2500且在一段时间后将持续衰退或有很大波动，经推断或分析种群个体少于250或野外灭绝的几率达到20%。

易危种（VU）：指一分类单元未达到极危或濒危标准，但是在未来一段时间后，其野生种群面临灭绝的几率较高的危险程度，即种群数至少减少20%或30%，分布区面积少于20 000平方千米或占有面积少于2000平方千米，经推断种群成熟个体数少于10 000且在不断衰退或出现很大波动、今后野外灭绝的几率至少达到10%。

近危种（NT）：是指一分类单元未达到极危、濒危或易危标准，但在未来一断时间后，接近符合或可能符合受威胁等级。

无危种（LC）：是指一分类单元未达到极危、濒危、易危或近危标准，即目前尚未处于受威胁的状态。

## 2. 受威胁物种划分标准

为了准确地将处于不同生存与发展状态的物种划分到不同的类别中加以有效保护和合理利用，世界自然保护联盟制定了受威胁物种划分标准（表4-3）。在应用该标准时，必须通过监测，获取相应的指标信息作支撑。

表4-3 IUCN关于受威胁物种的类型及划分标准

| 划分标准 | 极危种 | 濒危种 | 渐危种 |
|---|---|---|---|
| **A. 种群有下列任何一种形式缩减** | | | |
| 1. 观察、估计、推断或预测过去种群缩减，<br>根据下列任何一种情况，<br>(1) 直接观察<br>(2) 适合该分类单位的多度指数<br>(3) 占有面积、出现范围和(或)栖息地质量下降<br>(4) 实际的或潜在的开拓水平<br>(5) 引入种、杂交、病原体、污染物、竞争或寄生生物的影响<br>缩减速度：在过去10年或3个世代内(取其中较长的时间)<br>缩减缩减原因：明显地可逆转、被了解和停止 | ≥90% | ≥70% | ≥50% |
| 2. 观察、估计、推断或预测过去种群缩减<br>缩减速度：在过去10年或3个世代内(取其中较长的时间)缩减<br>缩减原因：根据A 1(1)～(5)任何一种情况,不可能已经停止、或者被了解或者可逆转 | ≥80% | ≥50% | ≥30% |
| 3. 推断或预测今后种群缩减<br>缩减速度：在今后10年或3个世代内(取其中较长的时间,但最长到100年)缩减<br>缩减原因：根据A 1(2)～(5)任何一种情况 | ≥80% | ≥50% | ≥30% |
| 4. 观察、估计、推断或预测在任何时候种群缩减<br>缩减速度：在任何10年或3个世代内(取其中较长的时间,最长到未来100年)缩减, 时间必须包括过去和未来<br>缩减原因：根据A 1(1)～(5)任何一种情况,不可能已经停止、或者被了解或者可逆转 | ≥80% | ≥50% | ≥30% |
| **B. 地理范围(出现范围 B 1、占有面积 B 2或二者)的严重碎化、连续下降和极端波动** | | | |
| 1. 估计出现范围和至少包括1～2中的2项<br>(1) 严重碎化或已知分布地点数<br>(2) 观察、推断或预测下列任何一种情况连续下降：①出现范围；②占有面积；③栖息地面积、范围和(或)质量；④分布地点数或亚种群数；⑤成熟个体数<br>(3) 下列任何一种情况的极端波动：①出现范围；②占有面积；③分布地点数或亚种群数；④成熟个体数 | <100平方千米<br>1 | <5000平方千米<br><5 | <20000平方千米<br><10 |
| 2. 估计占有面积和包括下列1～3中的2项<br>(1) 严重碎化或已知分布地点数<br>(2) 观察、推断或预测下列任何一种情况的连续下降：①出现范围；②占有面积；③栖息地面积、范围和(或)质量；④分布地点数或亚种群数；⑤成熟个体数<br>(3) 下列任何一种情况的极端波动：①出现范围；②占有面积；③分布地点数或亚种群数；④成熟个体数 | <10平方千米<br>1 | <500平方千米<br><5 | <2000平方千米<br><10 |

（续）

| 划分标准 | 极危种 | 濒危种 | 渐危种 |
|---|---|---|---|
| (4) 估计种群成熟个体数和有下列任何一种情况： | <250 | <2500 | <10000 |
| 1. 估计种群连续下降 | 在3年或1个世代内，取较长的时间(最长到未来100年)>25% | 在5年或2个世代内，取较长的时间(最长到未来100年)>20% | 在10年或3个世代内，取较长的时间(最长到未来100年)>10% |
| 2. 观察、推断或预测成熟个体数连续下降和至少具有下列(1)～(2)两种情况之一： | | | |
| (1) 种群结构如下列之一形式： | | | |
| ①估计亚种群成熟个体数； | ≤50 | ≤250 | ≤1000 |
| ②在一个亚种群中的成熟个体数 | ≥90% | ≥95% | 100% |
| (2) 成熟个体数极端波动 | | | |
| D. 估计种群成熟个体数 | <50 | <250 | <1000 |
| 或种群占有十分局限的面积或分布地点(在典型情况下分别<20平方米或<5个)，这样容易受到人类活动或未来某个很短时期内偶然事件的影响，使之很快就变为极危种甚至灭绝种 | | | |
| E. 数量分析显示野外灭绝的概率 | 在10年或3个世代内，取较长的时间(最长到100年)≥50% | 在20年或5个世代内，取较长的时间(最长到100年)≥20% | 100年内，≥10% |

## 三、其他国际信息需求

目前除一些国际公约和国际组织要求履约国或成员国定期或不定期地提供相关报告外，还有一些国际公约、国际组织和国际会议需要相关国家不定期提供有关信息。如我国已签署生效的《京都议定书》、《联合国气候变化框架公约》、《世界遗产公约》等，都需根据要求提交相关信息。需要提供的信息见表4-4。

**表4-4 相关公约信息需求**

| 公约 | 信息内容 |
|---|---|
| 《世界自然遗产公约》 | 世界自然遗产受到蜕变加剧、大规模公共或私人工程、城市或旅游业迅速发展计划造成的消失威胁；土地的使用变动或易主造成的破坏；未知原因造成的重大变化；随意摈弃；武装冲突的爆发或威胁；灾害和灾变；严重火灾、地震、山崩；火山爆发；水位变动、洪水和海啸等 |
| 《联合国气候变化框架公约》 | 造林和再造林的面积，汇集和释放的二氧化碳；各种森林经营措施对大气的影响（如火烧炼山、施肥管理、固体废物的处理、污水处理、废物燃烧等信息） |

# 第二节　国家宏观决策信息需求

国家宏观决策是指对整个国家发展方向和奋斗目标的战略决策。21世纪，我国以可持续发展为基本战略、全面建设人与自然和谐相处的小康社会为奋斗目标。国家宏观决策涉及经济、生态、社会等各个方面。森林既是陆地生态系统的主体，对维护生态平衡和改善生态状况起着不可替代的作用，森林资源变化必然导致生态状况的变化；同时，森林经营将产生直接的经济和社会效应，对社会经济的可持续发展产生重要作用。因此，森林资源和生态状况的变化必然对国家宏观决策产生重大影响。森林资源与生态状况综合监测将为国家宏观决策提供强有力的信息支持。国家宏观决策所需信息是综合的多方面的，以下主要针对国家经济社会可持续发展和国土生态安全的信息需求进行分析。

## 一、经济社会可持续发展信息需求

可持续发展是指"既满足现代人的需要，又不对后代人满足其需求能力构成危害的发展"。自从可持续发展的概念被确认之后，很多国际组织、地区和国家的研究机构为寻求其测量指标作出了不懈努力。1992年6月，在联合国环境与发展大会上，可持续发展已经成为全人类的共识。1994年联合国可持续发展委员会（UNCSD）召开国际会议，鼓励世界各国为制定可持续发展的指标体系做出贡献。联合国开发计划署、世界银行、联合国统计局、联合国可持续发展委员会、联合国环境规划署等国际组织和美国、以色列、加拿大、瑞士等国家纷纷制定了可持续发展的指标体系，用于评价全球、区域或国家水平的可持续发展状况。

中国在可持续发展的战略选择和国家行动中，处于世界各国的前列。联合国环境与发展大会后不久，我国率先于1994年制订了《中国21世纪议程》，提出了国家经济社会可持续发展的总体战略；1996年，我国又将可持续发展作为国家的基本发展战略。可持续发展战略作为国家基本战略，既从经济增长、社会进步和环境安全的功利性目标出发，也从哲学观念更新和人类文明进步的理性化目标出发，全方位地涵盖了"人口、资源、环境、发展"四位一体的辩证关系。

中国在可持续发展道路的探索与理论贡献上也有鲜明的特色。根据周光召、牛文元等的研究，可持续发展由"五大支持系统"所组成，分别是生存支持系统、发展支持系统、环境支持系统、社会支持系统和智力支持系统。中国科学院制订了可持续发展的指标体系，该指标体系包括5大系统层208个要素，其中与森林资源和生态状况直接相关的信息需求包括3个系统层、6个状态层和28个以上要素，具体如下：

3个系统层：包括生存支持系统、发展支持系统、环境支持系统；

6个状态层：包括生存资源禀赋、生存持续能力、区域发展成本、区域环境水平、区域生态水平、区域抗逆水平；

28个以上要素：包括水土匹配指数、≥10℃积温、平均降水、平均霜日、光合有效辐射、干燥度、水土流失率、森林覆盖率、受灾率、总生物量、人均生物量、单位面积生物量、旱涝盐碱治理率、水土流失治理率、地形起伏度、降水变差、土壤侵蚀模数、荒漠化率、水资源比率、人均$CO_2$排放量、单位面积$CO_2$排放量、水土流失强度、干燥度指数、地形起伏度指数、废水处理率、废气处理率、废物处理率、自然保护区种类和面积比例等。

在国家可持续发展评价标准中的"三废"处理，此处特指通过生态植被（森林、树木、草原、湿地等）净化过程的处理能力。

## 二、国土生态安全信息需求

20世纪60年代以来，由于全球生态问题的日益突出，维护国土生态安全逐渐得到了世界各国的高度重视。2000年国务院印发的《全国生态环境保护纲要》明确提出，全国生态环境保护的总体目标就是要维护国土生态安全，确保国民经济和社会的可持续发展。森林是陆地生态系统的主体，在维护生态安全、保护人类生存发展的基本条件中起着决定性和不可替代的作用。为制定合理的国土生态安全战略，建立以森林植被为主体、林草结合的国土生态安全体系，就必须全面掌握森林资源与生态状况的基本信息，并在此基础上，确定用于生态安全体系建设的林地面积和分布范围及树种、林种比例等。这就要求全面提供反映各种生态类型的指标，并落实到具体空间位置上；同时通过对各种生态类型的指标进行统计分析，测算出为实现生态安全所需要的林地面积和空间分布以及生态植被类型。

具体包括以下信息：

(1) 地理因素，经纬度、海拔、坡度、坡向、坡位、地形地貌、山脉、河流等。

(2) 气象因素，温度、湿度、光照、降雨量、蒸发量、风、霜、雪等。

(3) 土壤因素，类型、成土母岩、厚度、质地、结构、酸碱性、水分、养分等。

(4) 植被因素，①森林资源，包括森林资源的数量、质量、分布及其变化，以及对生态环境产生的影响；②草地资源，包括草地资源的数量、质量、分布及其变化，以及对生态环境产生的影响；③野生植物资源，包括野生植物的种类、名称、生物学特性、生态学特性、自然分布范围、资源的数量和质量、可利用状况、珍稀濒危和受威胁状况等。

(5) 水资源因素，水量、水质、分布、可利用情况等。

(6) 湿地资源因素，湿地类型、面积以及各类型年度变化量和变化率。

(7) 荒漠化因素，荒漠化类型及面积，年度变化量和变化率，荒漠化产生的各种危害及其损失。

(8) 资源配置对保障生态安全的贡献因素，各种乔木、灌木、草本植被等的组成、结构、数量、分布对水土保持、水源涵养、防风固沙、净化空气、调节气候、改善水质、动物栖息等方面的影响等。

只有全面掌握上述各种生态要素，才能科学地判断我国用于保护生态安全的林地面积和范围，明确生态建设的目标，制定出有关生态建设的规划，包括对现有防护林的管护、用于生态保护的荒山造林和封山育林、低效林改良、荒漠化防治、生物多样性和湿地保护、自然保护区建设等。

# 第三节　生态建设与林业发展信息需求

林业是国民经济的重要组成部分。新中国成立以来，林业为国民经济发展做出了巨大贡献。随着经济发展、社会进步和人民生活水平的提高，林业在经济社会发展中的地位越来越突出。林业既是国民经济的一项基础产业，也是一项重要的公益事业，承担着生态建设和林产品供给的双重任务。为了贯彻落实林业发展战略思想，实现合理的森林资源配置，科学地评价林业发展状况，需要准确、全面、系统的森林资源和生态状况信息支持。

# 一、生态建设状况评价信息需求

生态状况是指生态治理与生态破坏相互作用所表现出来的状态。自20世纪90年代以来，生态问题越来越受到世界各国的广泛关注，加强生态建设，维护生态安全，已成为21世纪人类面临的共同主题。追求生态与经济社会发展的协调统一，推进可持续发展，已成为世界发展的潮流。生态问题涉及自然与自然、自然与人类、人类与人类的和谐发展问题。为了实现和谐社会发展目标，必须全面、准确、客观的评价生态治理、生态破坏及其相互作用表现出来的状态，为生态安全建设提供科学依据。森林资源和生态状况的监测结果，是客观评价各项林业生态工程建设成效的主要依据。开展生态建设状况评价，除了基本的资源现状和动态数据以外，还需要生态治理和生态破坏方面的相关信息支持。

## （一）生态治理与保护信息

为保护生态环境和野生动植物栖息环境、防止荒漠化所采取的植被恢复、植被管护措施以及自然保护区建设等情况。

(1) 生态植被恢复。根据生态建设要求（荒漠化防治、水土保持、水源涵养、改善水质、净化空气、防风固沙、农田防护等），我国历年开展的植树造林种草、退耕还林还草的面积、范围，累计恢复的生态植被面积及其分布，特别是林业重点生态工程区以及生态脆弱的西北地区、大型或特大型水利工程区（三峡、小浪底库区等）植被恢复的面积及其分布等。

(2) 生态植被管护。已有的森林、草原等的管护面积及其分布，以及生态植被质量提高的情况（包括郁闭度、覆盖度、生长量、生态群落构成等），特别是天然林资源保护工程等重点林业生态工程区的管护情况。

(3) 野生动植物保护和自然保护区建设。全国需要保护的野生动植物种类、名称，现已被保护的野生动植物种类、名称、数量、分布及比例，全国为保护野生动植物和典型生态系统（大江大河源头生态系统、湿地生态系统和一些特殊的生态景观等）所需要建立的自然保护区的个数、面积和分布，目前已建立的自然保护区的类型、个数、面积、分布及比例。

## （二）生态破坏信息

主要包括各种人为破坏和自然灾害对森林资源和生态状况的影响。

(1) 土地荒漠化。人为破坏（乱砍滥伐、盗伐、侵占、滥樵、乱掘、开发为农田或其他建设等）森林资源和草地资源导致的荒漠化、沙化、石漠化土地的面积、分布；自然灾害（干旱、风沙危害、洪涝灾害、火灾、病虫鼠害、冰雹、台风、海啸等）破坏生态植被造成的荒漠化、沙化、石漠化的面积、分布，特别是荒漠化严重的西北地区的荒漠化、沙化、石漠化扩展的面积和分布。

(2) 生物多样性减少。生态系统和物种的种类、数量减少情况；被偷猎、盗伐和不合理开发利用的野生动植物的种类、名称、数量及比例；导致濒危或受到危险的野生动植物的种类、名称、数量及比例；栖息地被减小的野生动植物的种类、名称、面积及比例。

(3) 典型生态系统遭破坏。包括已建立的森林生态系统、湿地生态系统保护区遭到新的破坏和应保护而未被保护的区域仍然遭受破坏的情况，以及各种侵占、不合理开发、偷盗等行为造成破坏的种类、数量及分布。

(4) 其他生态破坏。包括水土流失的面积和分布；酸雨面积和分布；空气、水、土壤的污染状况；沙尘天气的日数、次数、强度（分浮尘、扬沙或沙尘暴三级），影响面积、分布范围以及造成的损失等。

## （三）林业生态工程建设效益评价信息

林业工程的实施是生态系统重建、恢复、保护和林业产业发展的主要途径。1978年我国实施了举世闻名的三北防护林工程，1998年以来，国家投入数千亿的巨额资金，先后启动了天然林资源保护、退耕还林、三北及长江中下游防护林建设、野生动植物保护与自然保护区建设、京津风沙源治理、重点地区速生丰产用材林基地建设和湿地保护等重点林业工程，国家迫切需要及时掌握这些重点林业工程的实施成效，使之全面了解和掌握各重点林业工程的状况、功能和效益，并进行科学评价，有利于提高重点林业工程决策水平，避免决策偏差和资源破坏。林业生态工程建设效益评价需要大量的林业工程监测信息支持，这些信息中与森林资源和生态状况监测直接相关的信息见表4-5。

### 表4-5 林业生态工程评价需求信息

| | |
|---|---|
| 生态系统稳定性维持 | 森林覆盖率 |
| | 灌草总盖度 |
| | 森林类型面积/区域面积 |
| | 森林生态系统多样性 |
| | 物种多样性 |
| | 遗传多样性 |
| | 森林生态系统生物生产力 |
| | 生态系统总生物量 |
| | 乔木生物量 |
| | 灌木生物量 |
| | 草本生物量 |
| 改善小气候、净化环境 | 干燥度 |
| | 平均风速改变率 |
| | 平均温度变化率 |
| | 空气二氧化硫等污染气体降低率 |
| | 空气颗粒物污染物降低率 |
| | 水质变化等级 |
| 水源涵养功能 | 拦截径流率 |
| | 林地蓄水容量 |
| 水土保持作用 | 土壤侵蚀面积/区域面积 |
| | 土壤侵蚀模数 |
| | 流域输沙模数 |
| 改良土壤作用 | 土壤容重（土壤密度） |
| | 土壤总空隙度 |
| | 土壤有机质含量 |

（续）

| 区域功能特异性 | |
|---|---|
| 三北地区 | 固沙面积变化率 |
| | 灾害风降低率 |
| | 沙尘降低率 |
| 长江太行山区 | 森林护坡（塬）效果 |
| | 降雨径流转化率 |
| | 重力侵蚀降低率 |
| 沿海地区 | 护堤效果 |
| | 台风阻击效果 |
| | 减轻盐碱效果 |
| 林业生产产出 | 商品材产出 |
| | 林副产品产出 |
| | 薪炭产出 |
| 潜在公益效益 | 对公众身心健康影响 |
| | 森林的游憩价值 |
| | $CO_2$固定量 |

### （四）生态系统功能效益评价信息

生态系统是在一定的时间和空间内，由生物群落与其环境组成的一个整体，各组成要素间借助物种流动、能量流动、物质循环、信息传递和价值流动，而相互联系、相互制约，并形成具有自我调节功能的复合体。按照组成要素和植被特点将陆地生态系统分为森林、草原、农田、湿地、荒漠和城市生态系统。本文主要讨论与林业监测有密切关系的森林生态系统、湿地生态系统和荒漠生态系统评价信息需求问题。

**1. 生态状况综合评价信息**

一方面由于进行生态治理与保护，提高生态系统功能；另一方面由于生态系统继续被破坏，削弱生态系统功能。二者之间所产生的生态盈余可能为正，也可能为负。评价生态建设状况具体包括以下8个方面的信息：

(1) 森林状况：主要包括森林的数量和质量指标；

(2) 土地荒漠化和沙化状况：主要包括土地荒漠化和沙化(含石漠化)的面积和程度指标；

(3) 水土流失状况：主要包括水土流失面积和程度指标；

(4) 生物多样性状况：主要包括野生动植物种群数量及其栖息地数量和面积；

(5) 湿地状况：主要包括湿地总面积和得到有效保护的面积；

(6) 草原状况：主要包括草原总面积和草地生产力指标；

(7) 农田生态状况：主要包括平原地区有林地总面积和农田防护林控制面积；

(8) 城市生态状况：主要包括森林等绿地覆盖总面积和人均面积。

**2. 森林生态系统健康与功能价值评价信息**

森林是陆地生态系统的主体，在全球生态系统中发挥着举足轻重的作用，客观衡量森林生态系统健康与服务效能，对于森林资源保护及其科学利用具有重要意义。生态系统的功能效益价值决定于生态系统的健康。国内外专家、学者（肖风劲等，　2004；欧阳志云，1999；赵同谦，2004；靳芳，2005）就森林生态系统健康与功能和服务价值评价进行了较深入的分析研究，构建了森林生态系统健康与功能和服务价值评价指标体系。森林生态系健康与功能和服务价值评价需求信息见图4-2。

| | | | |
|---|---|---|---|
| 森林生态系统 | 森林生态系统健康 | 组织结构 | 森林生态要素 | 植被类型 |

| 森林生态系统 | 森林生态系统健康 | 组织结构 | 森林生态要素 | 植被类型 |
|---|---|---|---|---|
| | | | | 植被结构 |
| | | | | 生物多样性 |
| | | | | 林龄结构 |
| | | | | 枯死率 |
| | | | | 郁闭度 |
| | | | 环境要素 | 地理位置 |
| | | | | 土壤组分 |
| | | | | 大气组分 |
| | | | 气象要素 | 年均降水 |
| | | | | 总辐射 |
| | | | | 有效积温 |
| | | 活力 | 森林生理要素 | 呼吸速率 |
| | | | | 光合速率 |
| | | | | 净第一生产力（NPP） |
| | | 抵抗力与恢复力 | 胁迫要素 | 火灾 |
| | | | | 气象火灾 |
| | | | | 病虫灾害 |
| | | | | 污染灾害 |
| | 森林生态系统效益 | 直接效益 | 林木产品 | 木、竹材及产品 |
| | | | 林副产品 | 橡胶、松香、药材、水果、花卉、油料、蔬菜等产品 |
| | | | 森林游憩 | 自然保护区、森林公园、风景名胜区等森林旅游 |
| | | 间接效益 | 涵养水源 | 蓄水效应 |
| | | | 固定$CO_2$释放$O_2$ | |
| | | | 营养物质循环与贮量 | N、P、K等贮量 |
| | | | 净化空气 | 吸收$SO_2$等污染、阻滞粉尘、降低噪音、杀灭病菌等 |
| | | | 水土保持 | 水、风、冻融、重力等产生的侵蚀量 |
| | | | 维持生物多样性 | 自然保护区及保护物种数量与比例 |
| | | | 防风固沙 | 减弱风力，减慢沙尘移动速度和移动量 |
| | | | 调节气候 | 林内、林窗及林缘的温度、湿度等变化量 |

**图4-2 森林生态系统健康与功能价值评价体系**

### 3. 湿地生态系统监测评价信息

湿地是地球上三大重要生态系统之一，湿地是地球之肾，具有涵养水源、净化水质、蓄洪防涝、调节气候、维护生物多样性等重要生态功能。同时也是宝贵的自然资源，是区域经济发展的重要物质基础。全球湿地只占陆地面积的6%，由于人类活动的影响，湿地面积不断缩小，湿地功能不断下降，湿地已成为各种环境资源系统中受威胁最大的一类，湿地保护管理研究受到了国际社会越来越多的重视。

为掌握湿地生态过程及其变化趋势，包括湿地化学过程、湿地物理过程及湿地生物过程，而每一种过程又是一种或多种物质的连续或不连续的变化和运动的组合，只有通过全面、准确的监测信息，才能对湿地生态系统动态变化进行科学的评价，为湿地资源的保护、恢复和可持续利用提供科学依据。湿地生态系统评价需求信息见表4-6。

**表4-6　湿地生态系统评价需求信息**

| 生态变化类型 | 变化评价因子 | 支撑信息 |
|---|---|---|
| 湿地面积变化 | 湿地生境和植物群落 | 生境类型列表、植物群落列表 |
|  | 空间指标 | 生境的不协调和破碎化生境类型的面积，河流长度 |
|  | 发展趋势 | 发展趋势分析(揭示湿地退化的速度)与其他区域发展趋势的对照分析 |
| 湿地水文系统变化 | 水位 | 地表水位 |
|  |  | 地下水位 |
|  | 湿地的水量平衡 | 降水量 |
|  |  | 地表水入流量和出流量 |
|  |  | 地下水入流量和出流量 |
|  |  | 蒸发量 |
|  |  | 潮汐 |
|  | 盐度 | 地表水和地下水的盐度 |
|  | 水温 | 地表水和地下水的温度 |
|  | 生物(包括植物、无脊椎动物和鱼类等) | 物种组成、物种数量、生物量(生产量) |
| 富营养化引起水质变化 | 水中的营养物质 | 进入湿地中的营养物质的数量 |
|  | 沉积物中的营养物质 | 总磷和总硫数量 |
|  | 水文指标 | 透明度，pH值，含氧量 |
|  | 生物(包括微生物、大型植物、大型无脊椎动物、鱼类等) | 物种组成、物种多度、生物量和产物 |
| 有害物质污染引起的水质变化 | 有害物质的含量(包括洗涤剂、有机磷杀虫剂、重金属等) | 有毒物质的浓度、放射性核 |
|  |  | 生物体中的有毒物质浓度(如鱼、鸟、大型无脊椎动物) |
|  | 生物 | 大型植物，大型无脊椎动物，鱼类 |

（续）

| 生态变化类型 | 变化评价因子 | 支撑信息 |
|---|---|---|
| 生物多样性的变化 | 本地物种(包括高等植物、动物等) | 物种数、种群数量 |
| | 外来物种 | 种群数量、对当地物种的影响，对水文、生境的影响 |
| 湿地利用状况变化 | 渔业和水产养殖业 | 监测其活动、捕获的数量、影响等 |
| | 畜牧业 | 监测放牧造成的压力、影响 |
| | 狩猎 | 监测狩猎的压力、对水禽影响等 |
| | 旅游和休闲 | 监测对湿地面积的影响，污染、旅游压力、践踏和对水禽栖息地的影响等 |

#### 4. 荒漠生态系统监测评价信息

荒漠生态系统是地球上分布较广的一个系统，是陆地生态系统的一个重要子系统。荒漠生态系统由于其环境的严酷性决定了它的脆弱性和不稳定性。然而，正因为如此，从荒漠生态系统的特殊功能和生态环境建设的要求考虑，进行荒漠生态系统评价具有十分重要的意义。

根据《联合国关于在发生严重干旱和/或荒漠化的国家特别是在非洲防治荒漠化的公约》的定义，"荒漠化"是指包括气候变异和人类活动在内的种种因素造成的干旱（arid）、半干旱（semi-arid）和亚湿润干旱（dry sub-humid）地区的土地退化。沙漠化又称"沙质荒漠化"，是荒漠化的一种类型，以风沙危害为基本特征，包括流动沙丘前移入侵、土地风蚀沙化、固定沙丘活化等一系列风沙活动。荒漠生态系统既复杂有脆弱，受到自然、社会经济的巨大影响，对荒漠生态系统进行客观、准确的评价，需要从气候、土壤、植被、水文、土地利用变化等多方面进行全面系统的监测，荒漠生态系统评价信息需求见表4-7。

表4-7　荒漠生态系统评价需求信息

| 状态指标 | 参数 | 荒漠化类型 | | | | |
|---|---|---|---|---|---|---|
| 气候 | 年平均降水量、蒸发量和温度 | 风蚀 | 水蚀 | 盐碱化 | 冻融 | 其他 |
| | 季节降水量和温度变异 | K | K | K | | K |
| | 沙尘暴频率和强度 | K | K | K | K | K |
| | 大雨或特大暴雨的频率和强度 | | | | K | |
| | 大气中沙尘粒子密度 | K | K | K | | K |
| 土壤 | 土壤类型 | K | K | K | | K |
| | 土壤质地 | K | K | K | K | K |
| | 土壤厚度 | K | K | K | K | K |
| | 表层损失率或损失量 | K | K | | | K |
| | 土壤有机质和有效养分浓度 | K | K | K | | K |
| | 土壤含盐量 | | K | K | | K |
| | 土壤PH值 | | | K | K | K |
| | 土壤水分 | K | K | K | | K |

Research on Integrated Monitoring Forest Resources and Ecological Status in China

（续）

| 状态指标 | 参数 | 荒漠化类型 | | | | |
|---|---|---|---|---|---|---|
| 植被 | 植被类型 | K | K | K | K | K |
| | 植被覆盖度 | K | K | K | K | K |
| | 植被结构与组成 | K | K | K | K | KK |
| | 特有动植物种类及数量变化 | K | K | K | K | K |
| | 优势种种类及数量变化 | K | K | K | K | K |
| | 植被生物量与净生产力 | K | K | K | K | K |
| 水文 | 地表水的覆盖面积和浑浊度 | K | K | K | K | K |
| | 河流中悬浮泥沙量 | | K | | | K |
| | 河流泥沙淤积量 | | K | | | K |
| | 土壤侵蚀模数 | | K | | K | K |
| | 水质 | | K | K | | K |
| | 地下水位 | K | K | K | K | K |
| 土地利用格局 | 土地资源利用模式（林地、草地、耕地、工程建设和未利用地面积） | K | K | K | K | |
| | 土地资源经营模式（耕作方式、灌溉方式、工程措施） | K | K | K | K | |

K：为需调查收集的参数（因子）

## 二、林业可持续发展信息需求

　　林业是人类经济社会可持续发展的基础。在影响可持续发展的人口、资源、环境三大因素中，与林业密切相关的就占了两个。就可持续发展而言，主要是针对自然资源和生态状况来说的。因为森林是陆地上面积最大、结构最复杂、初级生产力最高的生态系统，在可持续发展中，林业具有举足轻重的作用。《关于加快林业发展的决定》明确提出，在贯彻可持续发展战略中，应该赋予林业以重要地位。

　　由于林业的"双属性"特点，林业可持续发展应包括生态建设和产业发展两个方面，其最终目标是要建立完备的林业生态体系和发达的林业产业体系。林业的可持续发展必须服从国家可持续发展的要求，不断地满足国民经济发展和人民生活水平提高对森林物质产品和生态服务日益增长的需要，并真正实现林业生态效益、经济效益和社会效益的统一。为此，国家林业局组织开展了中国可持续发展林业战略研究，提出了"三生态"的林业发展总体战略思想。为贯彻落实《关于加快林业发展的决定》精神和实施中国可持续发展林业战略，除了生态建设状况评价的有关信息外，还需要以下信息支持。

### 1. 林业土地资源信息

　　在生态安全和基本农田得到根本保障的前提下，可用于发展商品林（用材林、经济林、薪炭林，包括生物质能源林）和生态旅游的林地资源状况，包括林地面积、分布和自然条件（气候条件、土壤条件、海拔、坡度、地形地貌等）。

### 2.林业生物资源信息

包括木质林产品、非木质林产品以及森林文化和森林景观等。其中，木质林产品资源包括各种乔木、灌木、藤本和竹子等木质林产品资源的种类、数量、分布（包括自然分布、栽培和引种情况等）、生物学特性、生态学特性、材性、开发利用前景等；非木质林产品资源包括各种非木质的植物、动物和菌类的种类、名称、数量、自然分布和空间特征，开发利用状况和人工繁育情况，如花卉、药材、食用菌、干鲜果品、林产化工原料和提供肉、皮、毛等产品的动物资源；森林文化与景观资源包括有关森林生态系统的人文特征、风景特征、文化特征、宗教特征、动植物特征等。

## 三、现代林业评价信息需求

### （一）传统林业与现代林业的特征比较

#### 1.传统林业

传统林业的中心任务是生产木材和利用木材，是单效低效的林业，是粗放的劳动密集型的林业。

#### 2.现代林业的定义、内涵和主要内容

现代林业是除生产木材和利用木材外，还有更广大的综合效益，兼备经济、生态和社会效益的多个方面，是多效高效的林业，是是集约的资本和技术密集型的林业。

现代林业定义是充分利用现代科学技术和手段，全社会广泛参与保护和培育森林资源，高效发挥森林的多种功能和多重价值，以满足人类日益增长的生态、经济和社会需求的林业（江泽慧，2000）。

现代林业的内涵是以可持续发展理论为指导，以生态环境建设为重点，以产业化发展为动力，以全社会共同参与和支持为保障，实现森林资源、环境和产业协调发展，经济、生态和社会的高度统一的林业。概括地说，现代林业是以满足人类对森林的生态需求为主，多效益利用的林业。

现代林业的主要内容包括，①是以可持续发展理论为指导的林业；②是依靠科技进步的林业；③是适应社会主义市场经济体制和运行机制的林业；④是改善环境、提高人类生活质量的林业；⑤是社会广泛参与的林业。

### （二）现代林业评价

森林资源是林业可持续发展的基础，在陆地生态系统中起主体地位，森林资源的数量、质量及其经营状况关系到人类社会的可持续发展目标能否实现。

随着社会的进步，林业的发展逐步迈入了现代化发展阶段。现代林业既是现代社会的一个基础产业，包含森林培育、林产加工业等，又同时肩负着保护和改善生态环境的重任，是一个十分复杂的行业。与传统林业相比，现代林业无论在内涵、内容、性质和任务等方面都产生了质的飞跃。现代社会中，林业的可持续发展已经成为国家和社会可持续发展的基础和核心。如何衡量和评价一个国家或地区的林业发展水平，直接关系到人类对社会综合发展的判断和未来行动的决策。一些专家、学者（张建国，1996；江泽慧，2000）就现代林业评价指标等进行了研究，现代林业评价指标体系中与森林资源和生态状况监测直接相关的指标见表4-8。

Research on Integrated Monitoring Forest Resources and Ecological Status in China

表4-8 现代林业评价需求信息

| 指标 | 内容 | 国家层次 | 地区层次 |
|------|------|----------|----------|
| 林地资源 | 有林地面积 | + | + |
| | 林地利用率 | + | + |
| | 宜林荒地利用率 | + | + |
| | 用材林面积占有林地面积的比例 | + | + |
| | 防护林面积占有林地面积的比例 | + | + |
| | 经济林面积占有林地面积的比例 | + | + |
| | 薪炭林面积占有林地面积的比例 | + | + |
| | 特有林面积占有林地面积的比例 | + | - |
| | 不同起源（人工林、天然林）林地平均生产力 | + | - |
| | 每公顷林地中森林经营的科技人员数量 | - | + |
| | 不同林种林地的平均生产力 | - | + |
| 林木资源 | 森林覆盖率 | + | + |
| | 活立木总蓄积 | + | + |
| | 幼、中、近、成、过熟林森林面积和蓄积的比例 | + | + |
| | 人工林占森林面积、蓄积的比例 | + | + |
| | 人工林林分生长率 | - | + |
| | 森林资源综合利用率 | + | + |
| | 抚育间伐量/采伐量 | - | + |
| | 低产林改造面积/更新总面积 | - | + |
| | 人工更新面积/更新总面积 | - | + |
| | 森林病虫害防治率（发生面积、危害等级、成灾面积、防治率） | + | + |
| | 森林火灾发生率、发生面积、成灾率、损失金额 | + | + |
| | 速生丰产林面积/造林总面积 | + | - |
| | 良种使用普及率 | - | + |
| | 林道网密度 | + | + |
| | 森林年生长量与采伐量 | + | - |
| | 皆伐收获/木材总产量 | - | + |
| | 人工林木材产量/木材总产量 | - | + |
| 生态环境指标 | 林区环境容量 | - | + |
| | 林区人口与土地承载力 | + | + |
| | 林地生产率 | - | + |

| 指标 | 内容 | 国家层次 | 地区层次 |
|---|---|---|---|
| | 森林生产力 | - | + |
| | 防护林面积、造林总面积 | + | + |
| | 森林年总采伐量、年生长量 | - | + |
| | 荒漠化土地面积及其治理程度（沙化、荒化旱地、正常旱地、正常）和治理率 | + | + |
| | 水土流失面积、百分率、治理率（分强度、中度和轻度进行统计） | + | + |
| | 农田林网率 | + | + |
| | 自然保护区占国土面积 | + | + |
| | 生态公益林的比例 | + | + |
| | 城市绿地面积占城市面积的比例及人均绿地面积 | + | + |
| | 公众的环境意识（认为环境优先、环境—经济兼顾、经济优先、不知道） | + | + |
| | 生态系统监测能力（网络化、区域化、点；人工、半自动化、自动化） | + | + |
| | 林区每年生态旅游人数 | + | + |
| | 生物多样性指数 | - | + |
| | 濒危物种数量及其占已知物种的百分比（哺乳类、鸟类、爬行类、两栖类、维管植物等） | + | + |
| | 林业二氧化碳GDP排放量、减排量，人均排放量，减排量，总排放量、减排量 | + | + |
| | 林区污染（二氧化硫等）等级（强、较强、一般、正常） | + | + |
| | 林区木材采运过程中对环境的破坏程度 | - | + |
| | 木材加工过程中对环境的污染及其治理程度 | - | + |

注：“+”表示需要提供的信息，“-”表示不需提供的信息。

# 四、森林可持续经营信息需求

## （一）森林可持续经营管理信息需求

　　森林资源是可再生资源。如果保护好，利用合理，它将持续不断地为人类提供所需要的林产品和服务；反之，会导致资源的枯竭和生态环境的恶化，给人类带来灾难。为了科学地经营管理森林资源，制定合理的木材采伐、森林更新、森林抚育计划，防治森林火灾和病虫害，打击偷盗、乱砍滥伐、侵占等违法行为，需要了解森林资源与森林生态系统的现状与动态信息。经营管理的信息需求按时效性可分多种情况：用于编制经营方案和制定采伐限额的信息一般5年1次；用于日常经营管理活动的信息一般每年1次；而对于森林火灾、病虫鼠害和各种违法犯罪活动等方面的信息最好能实时得到，在时间上要求越快越好；还有就是临时准备有关计划、会议或报告，会对相关信息提出临时性的要求。

**1. 森林资源数量**

包括林地总面积、活立木总蓄积、各种类型的林地面积及森林蓄积、动植物资源等的现状与变化。

(1) 森林面积和蓄积，包括森林总面积和总蓄积；各类型森林的面积和蓄积以及空间分布，包括各林种（防护林、用材林、薪炭林、经济林、特用林）或生态林和商品林、各森林类型（针叶林、阔叶林、纯林、混交林、常绿林、落叶林，人工林、天然林，热带、亚热带、温带、寒带等地带性森林）、各龄组的面积蓄积，各优势树种（组）的面积蓄积等。

(2) 各类林地面积及变化情况，有林地、疏林地、灌木林地、采伐迹地、火烧迹地、未成林造林地以及其他用于林业建设的荒山荒地等的面积；非林地转化为林地，林地转化为非林地，国有林、集体林和个体林之间的转化情况；各种转化的面积、蓄积和空间分布等。

(3) 林地范围内的动植物资源的数量和分布，包括脊椎动物、无脊椎动物、高等植物的种类、名称、数量、分布范围等。

**2. 森林资源质量**

包括林地质量、林分质量和生物多样性状况等。

(1) 林地质量，立地类型和立地指数。

(2) 林分质量，胸径、树高、材积生长量，单位面积蓄积，面积、蓄积按龄级或龄组的比例，针叶林、阔叶林、针阔混交林比例，林分树种组成，自然枯损量，森林更新状况（包括天然更新幼树的种类、株数及分布状况，其中乡土树种或珍贵树种的种类、数量、分布及比例，人工造林更新树种的成活率、保存率等），按径级分布的面积和蓄积及其比例，林木生长活力，病虫鼠害程度等，野生动植物灭绝、濒危和受威胁的程度等。

(3) 生物多样性，生态系统多样性、物种多样性和遗传多样性的丰富度、频度和均匀度等。

**3. 森林生态系统健康状况**

影响森林生态系统健康的因素很多，归结起来主要有两个方面：一是自然灾害；二是人为破坏。为了对森林生态系统实施有效保护，一方面靠强有力的政策、资金和技术保障；另一方面靠准确、全面、及时的信息支持。

(1) 人为活动损害森林生态系统，包括侵占林地和林木的数量（面积和蓄积）及分布，农业开发、道路建设、水利设施建设、工矿城镇居民点建设等占用的林地面积、蓄积及空间分布；非计划用火造成的火灾次数，损失的林地面积和蓄积，对各种动植物、微生物和人民生命财产造成的危害，以及对土壤、空气造成的污染等；不合理的采伐方式、采伐强度的林分面积和蓄积；各种轮作农业、游牧放牧的林地面积及影响程度；盗伐、乱砍滥伐、滥樵、乱掘和狩猎等造成的林木及动植物减少的种类、数量、分布及其造成的水土流失程度，林地衰退的面积和分布。

(2) 自然灾害损害森林生态系统，包括野火发生的次数及时间和空间分布，损害森林及其动植物的种类、数量、范围、程度，以及污染土壤、空气的程度；干旱、洪涝、冰雹、暴风雨、沙尘天气、酸雨、泥石流等造成的森林动植物减少的种类、数量和分布范围；病虫鼠害的种类、数量、分布及造成危害的程度；森林生态系统生产力下降的程度，生态功能下降的程度。

#### 4. 森林生态系统保护状况

为了制定科学、合理、有效的森林生态系统保护措施，应及时、准确、全面地掌握相关信息。

(1) 森林火灾防治，包括对火灾的预测预报，以及有效控制火灾蔓延直至彻底扑灭火灾的情况。预防森林火灾的发生，除对火源（主要指人为纵火）进行严格管理和明确各种生态系统类型的火险等级外，还需要实时获取可能引发火灾的基本信息，针对气候条件（温度、湿度、降雨、风速、风向等）、可燃物的种类、数量及其变化情况，及早制定森林火灾防治措施。对已发生的森林火灾，要及时获取准确的地理位置、道路、水域、地形地势等自然环境情况，气候条件、火势及蔓延速度，以及森林生态系统类型，以便及时采取有效的灭火措施。

(2) 森林病虫鼠害及有害生物入侵防治，包括对可能发生的病虫鼠害及有害生物进行科学的预测预报和对已发生的病虫鼠害及有害生物进行有效治理的情况。对病虫鼠害和有害生物的预防，一方面要严禁各种人为引入有害生物的行为；另一方面要掌握常规森林病虫鼠害发生的周期性、森林生态系统类型、有害生物生长繁育特点等，确定不同森林生态系统病虫鼠害发生的危险等级，同时要实时获取各森林生态系统可能诱发病虫鼠害的条件（林木生长状况、树种组成情况、气候和水热状况等），以便及早制定预防措施。对已发生的森林病虫鼠害，要及时获得常规的森林病虫鼠情（发生的准确地理位置、病虫鼠害种类和名称、危害的树木和植被类型、扩散的速度、危害后果是影响树木和植被的生长还是使树木致死等），灾害的发生原因，有害生物传播途径、扩散蔓延情况，并及时上报，为实施防治提供依据。

### （二）森林可持续经营评价信息需求

1992年联合国环境与发展大会之后，森林可持续经营已成为全球广泛认同的林业发展方向。为了衡量森林可持续经营的水平，世界各国为此开展了森林可持续经营标准与指标的制定工作。到目前为止，全世界已有8个关于森林可持续经营的标准与指标。国家林业局于2003年正式颁布了用于评定森林可持续经营的《中国森林可持续经营标准框架》。该标准框架共包括8个标准和80个指标，其中与森林资源和生态状况相关的有5个标准47个指标。

#### 1. 生物多样性保护

包括3个层次11个指标。

(1) 生态系统多样性指标：各森林类型占森林面积的比值，按龄级或演替阶段划分的森林类型的面积及比值，人工林中针叶树与阔叶树的比例，按世界自然保护联盟（IUCN）或其他分类系统划定为保护类、按龄级或演替阶段确定为保护区的森林类型面积及比值，森林破碎化程度。

(2) 物种多样性指标：森林物种的数量，根据立法或科学评价确定处于不能维持可繁育种群风险的森林物种的状态。

(3) 遗传多样性指标：分布范围显著减少的森林物种数量，从多种生境中监测到的代表种的种群水平，已开展种质基因就地保存和异地保存的物种数。

#### 2. 森林生态系统生产力维持

包括林地面积和能够用于木材生产的净林地面积，各森林类型面积和活立木蓄积，林地中各类土地面积的比例，用材林蓄积，人工林面积及蓄积，可供木材生产的林地面积与蓄积按龄级的分配格局，用材林年木材采伐量不大于年木材生长量，受保护生物多样性制约的非木质林产品收获量(如毛皮、林果、蘑菇、猎物、药材、竹笋)等8个指标。

### 3.森林生态系统的健康与活力

包括受超过历史波动范围的过程或动力影响的森林面积和比例，空气污染的危害面积和比例，酸雨——强度等级与污染面积，大气尘降与有害气体——含量百分比及影响程度，温室效应与气候变化——大气$CO_2$浓度及温度变化对森林植被及敏感和脆弱的森林生态系统类型的影响，紫外线，由于生物组成减少所表现出的基本生态过程和/或生态连续性变化的林地面积和比例等7个指标。

### 4.森林水土保持

包括森林土壤侵蚀严重的林地面积和百分率，坡度在25°及以上的坡耕地退耕还林的面积和百分率，重要流域水土保持林的面积和百分率，森林集水区溪流量和持续时间显著偏离历史变化范围的百分率和千米数，森林集水区溪流中物理和化学性质变化的幅度，中轻度以上水土流失地区的治理面积和治理率，轻度水土流失地区的治理面积和治理率，根据国家规定应当采取水土保持措施的坡耕地上现有农事活动已采取水土保持措施的面积和百分率，人工林立地指数严重下降的面积和百分率，人工林中阔叶林的面积和比率，不同树种的面积和比例，重茬（萌生）人工林的面积和比率，根据国家规定应当采取水土保持的坡地上从事营林活动采取水土保持措施的面积和百分率，森林地被物保护的程度和面积及比例等14个指标。

### 5.森林对全球碳循环的贡献

包括森林总生物量生产(分类)，薪炭林面积与消耗量及其贡献，林产品生产量、消耗量及其贡献，毁林面积及其贡献，森林的吸收，土壤碳排放，泥炭$CO_2$、$CH_4$等的排放7个指标。

# 第四节　相关行业及社会公众等信息需求

除了以上国家合作与交流、国家宏观决策、生态建设与林业发展等3个层面的信息需求以外，与林业相关的一些行业主管部门、有关教学科研单位、学术团体和公民个人等也需要了解森林资源和生态状况方面的信息。这方面的信息需求比较复杂，以下按两大类进行分析。

## 一、相关行业的信息需求

林业不仅是国家经济社会发展的重要组成部分，而且对国民经济和社会发展的其他方面也产生极其重要的影响，特别是与林业发展有直接关系的农业、水利、国土、环保、旅游、气象等行业。森林不仅能提供丰富的林产品，而且还具有水土保持、水源涵养、净化空气、美化环境等功能，充足的森林资源是保证农业安全生产、改善生态环境质量、提高旅游事业发展竞争力、维持水利枢纽工程正常运作的有力保障。所以，这些相关行业在制定其可持续发展战略，以及各种规划、计划时，需要得到林业相关信息的支持。这些信息主要包括：森林资源的面积、蓄积、种类及分布，森林在水源涵养、水土保持、净化空气等方面的信息。具体内容如林区产水量及林区持续产水的时间，控制向江、河、湖、海的泥沙流失量，吸收空气、水、土壤中的各种有害物质的数量，减少泥石流、塌方等自然灾害的能力，对区域温度、湿度、光照、降雨等影响程度的信息。

# 二、社会公众等信息需求

社会公众等信息需求主要指教育科研机构、学术团体和个体公民为开展科学研究、文化教育、社会参与、科技知识普及、国际国内各种学术交流等活动对森林资源和生态状况信息的需要。社会公众等信息需求的对象非常复杂，可归纳为两大类需求群体。

一类是为探索森林资源与生态状况内在关系及受外界干预后的各种变化规律或发展趋势，这类信息需求的主体是从事相关科学研究的集体和个人。这类群体需要的森林资源与生态状况的信息范围不一定很广，但要求信息内容和森林生态系统类型要全面（从宏观到微观、从现状到历史、从个体到群体等），几乎包括前述的所有相关信息，而且要求信息的连续性和周期性要好，长期固定观测的信息是其最渴望的信息。当然对于某一个领域的专家学者，其信息需求一般仅限于该特殊领域，而不涉及全部的信息内容。如进行火灾预测预报研究的专家，可能最关心的是与引起火灾发生的3个要素（时间、空间、人）相关的信息，火源、可燃物和气候等信息，而地类、土壤、林种、年龄等则不是其考虑的重点。

另一类是为了获得一些关于森林资源和生态状况的常规性知识，如森林资源和生态状况的一些概念、森林资源的变化可能对生态安全、人类社会发展产生哪些影响，什么样的生态状况有利于森林资源的繁育等知识。具体来讲就是人们想了解关于森林资源和生态状况的基本知识（乔木、灌木、草本以及在何种条件下可以种植乔木、灌木和草本植物），乔木、灌木、草本等植被对水土保持、水源涵养、净化空气、防风固沙、美化环境等方面的作用，以提高对森林资源和生态环境的保护意识。

社会公众的信息需求是没有时间界限的，对信息的时间连续性、频率以及延续的时间长度等都没有固定的要求。

综合上述4个层面的信息需求，可将各种信息分为森林资源信息、生态状况信息、林业社会经济统计信息和其他信息4大类。其中，森林资源信息包括地理环境、土壤状况、林地类型、植被类型、森林类型、森林动植物资源、森林经营活动与森林更新情况等；生态状况信息包括荒漠化、沙化、石漠化土地资源、湿地资源、森林生态功能、森林健康、森林生物量、森林碳储量、森林碳循环、生物多样性、水土流失量、生物入侵危害状况、自然灾害、人为破坏等；林业社会经济统计信息包括林业产业总产值、营林生产、工程建设、林产工业、林业固定资产、林业科教文卫、林业人员等；其他信息包括气候、水文、环境影响等。

# 第 五 章

## 我国林业监测体系现状与问题分析

　　我国的林业监测工作是与国家林业建设的发展历程息息相关的。从1953年东北国有林区开展森林经理调查开始，经历了从无到有、从小到大，从单一的森林面积、蓄积资源调查到多资源监测的发展过程。由于各项监测工作是随着经济社会的发展和林业与生态建设的需要而逐渐开展的，因此，目前基本形成了各成一体、手段各异、发展不一、相对独立的格局。

# 第一节 我国林业监测体系状况

根据目前各类监测的内容和侧重点不同，大体可分为6类：森林资源监测，包括森林资源连续清查、森林资源规划设计调查；荒漠化、沙化及石漠化土地监测；湿地资源监测；野生动植物资源监测；森林生态定位监测；其他专项监测，包括森林火灾监测、森林病虫鼠害监测和森林资源管理专项监测。

## 一、现状

### (一) 森林资源监测

#### 1. 国家森林资源连续清查

国家森林资源连续清查（简称一类清查）是国家森林资源监测的主体，以省(自治区、直辖市)为单位进行，每5年为一个调查周期，采用抽样技术系统布设地面固定样地和遥感判读样地，通过定期实测固定样地和判读遥感样地的方法，在统一时间内，按统一的要求查清各省(自治区、直辖市)和全国森林资源现状，掌握其消长变化规律。清查成果是反映和评价全国及各省(自治区、直辖市)林业和生态建设的重要依据。

国家森林资源连续清查由国家林业局统一部署，森林资源管理司负责组织协调，各省（自治区、直辖市）林业主管部门负责组织本地区森林资源连续清查工作，国家林业局4个区域森林资源监测中心和省（自治区、直辖市）各级林业调查规划（勘察设计）院（森林资源监测中心、队）承担具体的森林资源连续清查任务。目前全国从事森林资源监测的林业调查规划设计单位已经发展到1600多个，调查队伍3.4万人，其中国家林业局直属的区域森林资源监测中心4个，省级森林资源监测中心和为森林资源与森林生态环境监测服务的调查规划设计队伍38个。这42个国家级和省级调查规划设计单位中，具有甲级资质的单位36个，乙级资质的6个，从业人数逾万人。在制度建设方面，逐步形成了全员技术培训制度、技术质量责任制、跨期质量追究制、定期汇报和通报制度、改设和目测样地审核批准制度等一系列行之有效的管理制度。

我国森林资源连续清查始于1977年。到2003年，全国已经开展了6次森林资源清查工作，覆盖了祖国大陆全部国土范围。第六次全国森林资源清查工作在全国范围内共调查地面固定样地41.50万个，遥感判读样地284.44万个，无论在技术上、规模上和组织体系方面均居国际领先地位。经过近30年的建设，国家系统森林资源连续清查技术手段与建设初期相比有了很大的提高，特别是遥感（RS）、全球定位（GPS）、地理信息系统（GIS）、数据库、数学模型等新技术的广泛应用，使监测的效率和质量得到了大幅度的提高，系统具有很高的可靠性，形成了较完备的森林资源连续清查体系。从第六次全国森林资源清查开始，全面引入"3S"技术等高新技术，在森林资源连续清查中使用了分辨率为15～30米的TM、ETM卫星遥感数据进行土地利用类型的判读，使监测的精度及效率得到了提高。

国家森林资源连续清查的主要内容包括：反映森林资源基本状况的地理空间因子，如地理坐标、地形地貌、海拔等；土地和林木权属，土地利用类型与面积，立地条件，植被覆盖度等；森林类型、林种、树种、林龄、胸径、树高、蓄积量、郁闭度、森林更新等林分因子；森林生长量、枯损量、采伐量等动态变化因子。20世纪90年代以来，随着林业的发展和对生态建设的日益重视和加强，监测内容也得到不断充实，增加了土地荒漠化沙化状况、湿地资源状况等方面的监测内容；在第六次全国森林资源清查中增加了林木权属、病虫害等级等项内容，扩充了国家森林资源连续清查的内涵。特别是2004年启动的第七次全国森林资源清查，为适应林业五大转变和跨越式发展的需要，增加了反映森林生态、森林健康、森林功能、土地退化等方面的指标和评价内容，为实现全国森林资源与生态状况综合监测奠定了基础。

国家森林资源连续清查产出成果内容丰富，信息广泛，数据可靠，已得到了社会各界的公认，成为反映全国和各省（自治区、直辖市）森林资源状况最权威的数据。其产出内容主要包括：一是建立了地面固定样地和样木因子的基础数据库；二是产出了全国、各省以及流域森林资源现状表、动态变化表和成果报告；三是产出了大量的图面成果，包括森林资源分布图、湿地资源分布图、遥感影像图等；四是已经开始建立全国森林资源信息处理和管理系统。这些成果为定期掌握全国森林资源的宏观变化，指导林业方针政策制定，编制各种林业规划、调整计划提供了科学决策依据。多年来，国家森林资源连续清查成果全面客观反映了我国林业建设取得的巨大成就，成为社会各界了解林业、关注林业的一个重要窗口；同时，国家森林资源连续清查成果由于具有连续、准确的特点，也成为进行科学研究的重要参考依据。

随着监测内容、监测方法和监测手段的不断完善和优化，各级资源监测队伍的技术装备都有了不同程度的提升。但由于受所在地区经济社会发展水平和各单位经济状况的限制，各级资源监测队伍的技术装备水平存在较大的差距。国家林业局直属的4个区域森林资源监测中心计算机已经普及，但高端计算机设备、大型专用软件、网络建设等明显不足，严重影响了对监测数据的分析和处理能力。

在省级监测队伍中，除经济发达地区的少数单位外，大多数单位计算机尚未普及，尤其是西部地区，网络设备、大型输入输出设备和相关专用软件设备装备严重不足，对监测数据的处理能力低下。总体上讲，省级监测队伍现有技术装备还无法满足各项监测工作的需求。市县级监测队伍的技术装备水平普遍较差，部分单位的技术装备甚至不能满足基本的要求。

### 2. 森林资源规划设计调查

森林资源规划设计调查（简称二类调查）是地方森林资源监测的基础，是以县（国有林业局、林场、自然保护区、森林公园等）为单位，以满足森林经营管理、编制森林经营方案、总体设计、林业区划与规划设计等需要，按山头地块进行的一种森林资源调查方式。二类调查是经营性调查，通常每10年进行一次，一般由各省（自治区）负责组织实施，由具有林业调查规划设计资格证书的单位承担，经费主要由地方财政负担或自筹。

二类调查的主要内容包括森林经营单位的境界线、各类林地面积、各类森林、林木蓄积、与森林资源有关的自然地理环境和生态环境因素、森林经营条件、主要经营措施与经营成效，以及通过专项调查获取的森林生长量和消耗量、森林土壤、森林更新、病虫害等。

二类调查成果是反映某一区域的翔实的森林资源信息，是科学经营管理森林资源和实现以生态建设为主的林业可持续发展的重要基础和依据。　成果主要包括3个方面：一是建立以小班为基本单元的各类调查因子数据库；二是产出经营单位的各类土地面积、各类森林、林木面积蓄积等统计表，产出各类森林分布图、林相图、森林分类区划图等各类图面资料；三是建立森林资源信息管理系统，以及以二类调查成果为本底建立各类专项信息管理系统，如森林防火、工程管理等信息系统。通过年度作业设计、检查验收等措施实现对森林资源档案的更新。二类调查成果具有调查数据翔实可靠、调查成果内容丰富、表达形式多样的特点，能够为地方建立森林资源档案、制定森林采伐限额、实行森林资源资产化管理、指导经营单位科学经营提供准确的各项森林资源数据。

从20世纪70年代完成第一次全国性的规划设计调查开始到目前为止，由于受资金、技术等多种因素的制约，全国各地二类调查发展极不平衡，主要表现在两个方面：一是开展情况的不平衡。以东北、内蒙古国有林区为代表地区的二类调查已经形成制度化、体系化，而少数地方没有把这项关系到林业发展的基础性工作摆在应有的位置。根据有关资料统计，全国大约有80%的县级单位近10年来没有开展过二类调查，大约有10%的县级单位自新中国成立以来从来就没有开展过二类调查，森林资源家底不清，这种状况对林业的决策，包括编制各种规划、计划，甚至项目的制定和落实产生了极为不利的影响。二是新技术应用情况不平衡。20世纪80年代初，东北、内蒙古国有林区的二类调查已经开始应用遥感技术，使二类调查的质量和工作效率得到了提高，特别是进入21世纪，高分辨率遥感技术（如SPOT5）在二类调查中的应用，不仅大幅度地减少了外业调查的工作量，也提高了调查成果的质量和精度。如2003年以来，广东、山西、河北、陕西、贵州、上海等地应用SPOT5遥感影像数据开展了全省性二类调查工作，湖南、海南等不少地方也开展了SPOT5应用的试点工作。而在一些地区，仍然使用以地面调查为主的二类调查方法，不仅工作效率低下，而且调查质量和精度也难以提高。为从根本上扭转目前我国森林资源家底不清、二类调查工作滞后的状况，2003年12月，国家林业局下发了《关于加强森林资源规划设计调查工作的通知》，对二类调查的任务安排、资金筹措、质量管理以及新技术应用等方面提出了明确要求，同时要求各地把二类调查工作列入重要日程，组织专门力量，明确责任，理顺资金渠道，有计划、有步骤、有成效地推进二类调查工作，并及时开展森林经营方案编制和森林资源档案的建立及完善工作；通过加强森林经营作业设计，定期开展资源档案更新等工作，全面提高森林经营单位的水平，充分发挥二类调查成果在提高森林资源经营管理水平、实现森林可持续经营中的重要作用。从目前的情况看，一些省（自治区、直辖市）已经或准备启动二类调查工作，全国二类调查工作初步呈现出整体推进、快速发展的势头，二类调查工作滞后、森林资源家底不清的状况在近年内有望得到改观。

## （二）荒漠化沙化与石漠化土地监测

荒漠化、沙化与石漠化土地监测是为查清我国荒漠化、沙化和石漠化土地资源的分布、面积、特点以及土地退化现状和动态变化而开展的一项专项监测工作。荒漠化、沙化与石漠化土地监测由国家林业局统一部署，防沙治沙办公室具体组织实施。目前荒漠化监测体系建设已具备了一定的规模和水平，监测管理体系初步定型，已开展了3次荒漠化沙化监测工作。各级政府均成立了荒漠化监测领导小组，由林业部门牵头，计划、统计、农业、水利、国土、环保等部门参加，给予工作上的帮助与资料应用上的配合；林业主管部门内部成立监测管理机构，分级对口，层层管理，建立了质量管理责任制，保障了监测工作的顺利进行。为全面掌握南方岩溶地区石漠化土地状况，为制定石漠化土地综合治理提供科学依据，国家林业局防沙治沙办公室于2005年组织完成了南方岩溶地区石漠化土地资源本底调查。国家林业局成立了全国荒漠化监测中心，荒漠化面积较大的省（自治区）成立了省级荒漠化监测中心。国家级荒漠化、沙化和石漠化监测的技术依托单位分别是国家林业局调查规划设计院、西北林业调查规划设计院和中南林业调查规划设计院，省级监测技术依托单位是省林业调查规划（勘察设计）院，市县级林业调查队伍参加了部分野外工作。通过该项监测工作的实施，培养了一大批专业技术力量。

荒漠化、沙化与石漠化土地监测的主要任务：一是定期提供各级行政区域和全国的各类型沙化土地和有明显沙化趋势土地的分布、面积和动态变化情况；二是定期提供各级行政区域和全国的不同类型及不同程度的荒漠化土地的分布、面积和动态变化情况；三是定期提供西南岩溶地区各类型石漠化土地的分布、面积和动态变化情况；四是分析自然和社会经济因素对土地荒漠化、沙化和石漠化过程的影响，对土地荒漠化、沙化和石漠化状况、危害及治理效果进行分析评价，为防沙治沙和荒漠化与石漠化防治提出对策与建议，为国家决策服务。

荒漠化、沙化与石漠化土地监测按照每5年一个周期，采用卫星遥感影像判读和地面调查相结合的方法，并对荒漠化敏感地区、沙尘暴灾情和石漠化程度开展专题调查，对一些典型区域开展定位监测。20世纪90年代初，出于防沙治沙工程建设和三北护林体系建设的实际需要，于1994年组织开展了统一标准、统一时间的全国范围的荒漠化沙化土地普查和监测工作，采用了地面区划调查的方法，第一次全面系统地查清了我国沙化土地资源的分布、面积、特点以及土地退化趋势，建立了沙化土地监测本底资料及重点地区沙化土地GIS系统等。1999年，开展了第二次全国荒漠化沙化土地监测工作，采用了抽样调查的方法。2004年，荒漠化、沙化宏观监测进入第三个监测周期，技术路线较前两期有较大转变：一是在调查手段上实现由地形图调绘技术向"3S"技术的转变；二是在荒漠化调查方法上实现由抽样调查向全面调查的转变；三是在成果制作上实现纸质成果向电子化成果的转变；四是在信息传输上实现由人员传送向计算机网络化传输的转变；五是在监测结果通报制度上实现由5年定期发布向年度发布转变。实现上述5大转变对技术和装备水平有了较大幅度的提升。同时，国家林业局防治荒漠化管理中心制定了《全国荒漠化和沙化监测管理办法》（试行），明确了荒漠化监测的任务、内容、责任，规范了监测的组织活动和技术活动，提出了荒漠化监测的质量要求和管理措施。另外，针对西南岩溶地区土地石漠化日趋严重的情况，国家林业局决定增加石漠化土地监测内容，并于2005年完成了第一次本底调查工作。国家林业局荒漠化监测中心、西北林业调查规划设计院和中南林业调查规划设计院，在沙化普查、荒漠化和石漠化监测技术规范制定过程中做了大量的研究试验工作，制定了全国统一的技术规程，完善了技术标准和方法。

荒漠化、沙化与石漠化土地监测产出成果主要包括各省（自治区、直辖市）和全国各类型荒漠化、沙化与石漠化土地面积统计表、分布图、地理信息数据库以及全国监测报告。全国荒漠化监测开展10年来，已产生了良好的社会效应。林业主管部门在监测管理、防治荒漠化和防沙治沙工程管理过程中提高了专业水平，积累了经验，完善了防沙治沙的措施；荒漠化监测中心利用荒漠化监测成果，结合专题研究，开展沙尘暴灾害评估和监测，参与了国际间荒漠化监测网络活动；国家、省（自治区、直辖市）、县各级政府通过荒漠化监测工作的实施和监测成果的应用，丰富了荒漠化的知识，提高了对农牧业生产的科学指导水平。

### （三）湿地资源监测

湿地资源监测是以典型调查为基础，综合运用遥感、地理信息系统、全球定位系统、数据库等高新技术，对全国的湿地资源及其生态环境进行定期调查，查清我国湿地资源的现状，掌握湿地资源的动态变化，并逐步实现对全国湿地资源及其生态环境全面、准确、及时的分析评价，为湿地资源的保护、管理和合理利用提供完整统一、及时准确的宏观数据支持，为履行《湿地公约》及其他有关国际公约或协定，开展国际交流和科学研究服务。湿地资源监测由国家林业局统一部署，野生动植物保护司组织实施，国家林业局调查规划设计院湿地资源监测中心负责全国湿地资源监测业务指导，各省（自治区、直辖市）均建立了具有湿地保护职能的管理机构。湿地资源监测起步较晚，2001年完成了第一次湿地调查，计划每5年进行一次。目前由国家林业局湿地资源监测中心、省部级湿地监测站和湿地监测点3级监测机构组成的全国湿地监测网络体系已具雏形，但尚未形成一支稳定的湿地资源监测队伍。

湿地资源监测内容主要包括：湿地的类型、面积与分布；湿地的水资源状况；湿地利用状况；湿地的生物多样性及其珍稀濒危野生动植物资源状况；湿地周边地区的社会经济发展对湿地资源的影响；湿地的管理状况和研究状况以及影响湿地动态变化的主要环境因子等。湿地资源监测主要在3个层次上进行：一是宏观调查，以省（自治区、直辖市）或流域为调查总体，主要是调查湿地类型、面积和分布，通过汇总获得全国湿地资源信息；二是典型调查，是为了解各湿地（或湿地区）资源及其生态环境状况进行的调查；三是湿地资源专项调查，是由于特殊和专项需要而对湿地资源进行的调查。

湿地资源监测产出的主要成果包括湿地资源调查报告、湿地资源分布图、湿地保护区位置图、野外调查样地点位图以及基础数据库。1995～2001年完成的第一次全国性的湿地调查，基本上查清了我国湿地资源的现状与分布，尤其是重点湿地的现状，提供了中国湿地状况的最新信息，为开展全国湿地资源监测奠定了良好基础。其成果对于我国湿地及其生物多样性的保护管理，促进湿地资源的合理利用具有重要的指导意义。

## （四）野生动植物资源监测

野生动植物资源监测是为实现对我国野生动植物资源的有效保护、持续利用和科学管理，为国家宏观决策、履行国际公约或协定，开展国际交流及科学研究提供服务而开展的一项工作，由国家林业局野生动植物保护司组织实施。

从新中国成立至20世纪90年代初，我国进行过多项（次）的区域性或专项的野生动植物资源调查，如大熊猫调查等，但却未开展过全国性的野生动植物资源调查。直到1995年，由国家林业局组织，相继开展了主要动植物资源的全国性调查。国家林业局选择了资源消耗比较严重或濒危程度较高的252种陆生野生动物（其中包括国家重点保护物种153个）作为调查对象，开展了全国性野生动物资源调查。从1996年开始，国家林业局选择了资源消耗严重和濒危程度较高的189种野生植物进行全国性野生植物资源调查。此次全国性野生动植物资源的调查到2003年全部结束。2004年国家林业局在国务院新闻办公室举行的新闻发布会上，首次发布了全国性野生动植物资源的调查结果。目前，我国野生动植物调查尚未制度化，也没有专业的调查队伍，但野生动植物资源调查和监测工作已经列入国家正在实施的"全国野生动植物保护及自然保护区建设工程"建设内容。

野生动植物监测的主要内容是野生动植物的数量、分布及生境状况、利用状况、管理及研究状况、影响资源变动的主要因子。监测成果主要包括野生动植物资源数据库、现状、动态变化表及调查报告等。

## （五）森林生态定位监测

森林生态定位监测是对森林生态系统结构和功能进行定性和定量研究，实现对森林资源和生态环境的长期、全面、动态监测，以揭示森林生态系统组成、结构与气候环境之间的关系，监测人类活动对系统的影响及其自我调节过程，确定森林在生态环境建设中的作用和地位，并建立森林生态环境动态评价、监测和预警体系，为我国和全球的生态建设与环境保护、森林资源可持续利用和经济可持续发展提供科学决策依据。

我国森林生态定位研究与发达国家相比起步较晚，从20世纪50～60年代起主要是结合当地的自然条件和生产实际开展专项半定位的观测，同时开展了小规模的定位研究。70年代后广泛吸收德国、美国等国的生态系统理论和监测方法，开展了系统水平的物流、能流定位研究。80年代后期，随着我国改革开放的不断深入，生态定位研究得到了进一步的发展，生态定位研究站规模不断完善和扩大，建设内容不断完善，并向网络化发展。中国科学院系统（CERN）目前具有较深度功能监测和分析能力的监测站23个，其中属于林业系统管理的15个。

　　我国的森林生态定位监测工作由中国林业科学研究院具体承担。目前，我国森林生态系统定位研究网络（CFERN）覆盖了中国主要国有林区，所选定的生态站北起大兴安岭，南至海南岛，东起小兴安岭，西至新疆天山及青藏高原，包括了从寒温带到热带、湿润地区到极端干旱地区的最为完整和连续的植被和土壤地理地带系列，是最典型的受热量和水分驱动的纬度、经度地带系统，基本反映了温度和水分驱动的森林植被梯度变化规律，构成了一个十字网状结构，南北两端和东西两端主要站点的直线距离超过3700km，可充分保证空间气候范围和大气模型的重叠，而且完全能与决策尺度相适应，能够观测与监测长江、黄河和黑龙江等流域森林生态系统的变化与作用，分析森林对工农业的生态效益。其中，长江、黄河、雅鲁藏布江、松花江等重要江河流域的森林生态系统研究监测网初具规模，为揭示我国重要江河流域森林生态系统变化与环境因子间的互动规律做出了贡献。

　　我国森林生态系统研究工作还肩负着对国家六大林业重点工程区的森林生态系统状况监测和工程效益评估任务，直接为研究典型区域生态建设需水定额、土地承载力、林种搭配等问题提供服务。现有的定位监测体系取得了不同层次的长期监测数据和一系列研究成果，对于我国林业生态建设有较大的指导作用。1996年，林业科技工作者利用观察得来的基础数据和取得的科研成果，初步回答和阐述了中国森林吸收固定二氧化碳的情况以及中国森林的作用与地位等问题，为国家决策和生态外交提供了重要理论依据，也为中国碳循环研究提供了大量科学数据和第一手材料。

　　截至2000年，中国森林生态系统研究网络已有尖峰岭、大岗山、祁连山、帽儿山和会同等5个生态站入选国家级野外重点台站序列，每年得到国家科技部的专项经费支持。在联合国粮食与农业组织（FAO）建设的全球陆地观测系统（GTOS）网络818个陆地生态系统监测台站（TEMS）中，收录了中国科学院系统（CERN）的部分生态站和中国森林生态系统研究网络（CFERN）中的大岗山生态站和尖峰岭生态站，表明这些生态站的研究水平得到了国内外同行的认可。

## （六）其他专项监测

　　主要包括森林火灾监测、森林病虫鼠害监测和森林资源管理专项监测。

### 1. 森林火灾监测

　　森林火灾监测是通过航天遥感、航空巡视、瞭望台（塔）观察和地面巡护的实时观测方法对全国范围森林火灾的发生、蔓延趋势进行监测，并根据各地气象、森林火灾可能发生的客观条件等，实现森林火灾的预警预报。森林火灾监测由国家林业局森林公安局负责组织实施。2002年，在原国家林业局森林火灾预报信息中心的基础上，成立国家林业局森林防火预警监测信息中心，归口森林公安局领导。其主要职能是负责全国森林火灾的预报、宏观监测和重大森林火灾的跟踪监测及调度值班；负责扑救重大森林火灾及火场应急通讯的保障工作；负责森林公安和森林防火计算机网络的监察和网站管理；负责森林火灾、案件的统计汇总和损失评估等工作。目前，全国共建有森林防火指挥部3151个，森林防火办事机构3293个，工作人员17 679人。

中国森林资源和生态状况综合监测研究

我国森林火灾监测已基本形成了一个以航天遥感、航空巡视、瞭望台（塔）观察、地面巡护四位一体的比较完备的林火监测体系，已经具备及时发现火灾、跟踪火情和预警预报火灾的能力。森林火灾监测的技术设备近年来得到迅速发展。2003年建设的大兴安岭北部林区雷电监测及预测预警系统，是我国首次在大面积林区应用雷击火防范系统。该系统在卫星遥感监测系统的配合下，将"落地雷"时间、地点，林区火险等级、风力、土壤干燥情况等数据在第一时间传送到设在内蒙古自治区和黑龙江省的两处数据处理中心，结合卫星遥感系统即可迅速判断是否发生火警。目前，我国第一套专门用于森林火灾监测的EOS/MODIS数据接收系统已在国家林业局森林防火预警监测信息中心投入使用。

### 2. 森林病虫鼠害监测

森林病虫鼠害监测是通过实地观测、动植物检疫检查的方法，监测和预报森林病虫鼠害的发生和发展。森林病虫鼠害监测工作具体由国家林业局森林病虫害防治总站负责组织实施。全国森林病虫害测报网络是以国家级中心测报点为骨干，由国家、省、地、县4级测报站点构成。目前全国已经初步建成了具有510个中心测报点的森林病虫鼠害测报网络，防治检疫站2782个，各级测报站点22 807个，检疫检查站858个。

我国目前建立了主要森林病虫害趋势预报及病虫情信息专报制度，研发了"中国森林病虫指数"和"森林病虫害监测预报系统"，病虫害信息传输基本实现了计算机网络化。一个以各级测报点为终端，各级测报机构为枢纽，网络传输为纽带，国家森林病虫害预测预报中心为核心的全国森林病虫害监测预报网络已初具规模，灾害预警能力大幅度提高。

### 3. 森林资源管理专项监测

主要包括营造林实绩综合核查、采伐限额执行情况检查、征占用林地检查和国家重点公益林区划界定认定核查与管护情况检查。

(1) 营造林实绩综合核查是将人工造林(更新)、飞播造林和封山育林进行综合，采用统一组织、统一标准和统一方法进行核查，为监测和评价全国营造林及重点林业工程建设的实绩与成效而开展的一项年度专项监测工作。由国家林业局森林资源管理司负责组织实施，国家林业局4个直属森林资源监测中心及部分森林资源监督专员办承担完成。

具体方法是以全国林业统计数据为依据，在县级自查、省级复查的基础上，由国家林业局按照一定的比例，采用机械抽样或典型抽样的方法抽取样本，现地调查、核实；利用统一的人工造林（更新）、飞播造林和封山育林核查统计分析软件进行汇总。

营造林实绩综合核查的主要内容有：人工造林（更新）的核实面积、成活率、保存率；飞播造林的出苗、成效情况；封山育林实绩、成效以及各项管理类指标，包括作业设计、施工、检查验收、档案、管护、抚育、林权证发放情况等。目前还将前地类、种苗、计划情况、资金来源情况、设计单位资质、是否按作业设计施工等内容纳入了综合核查范围。

营造林实绩综合核查的主要成果有：一是建立了核查基础数据库，可对核查的各项指标进行多种统计分析；二是形成了县、省、全国3级的综合核查报告以及分工程、分区域的核查报告；三是建立了全国营造林实绩综合核查信息管理系统，该系统涵盖了各营造林方式、各工程和各年度的营造林情况，可对各核查省（自治区、直辖市）总体结果、分工程结果、分年度结果进行综合分析。营造林实绩综合核查成果是评价各省（自治区、直辖市）营造林实绩以及林业重点工程营造林实绩的重要依据，核查结果采用通报和整改通知书的形式下发，引起了各省（自治区、直辖市）的普遍重视。

营造林实绩综合核查对于全面掌握全国及各项工程的营造林实绩状况，推动全国营造林管理和森林资源管理工作的规范化和科学化发挥了积极作用；随着造林成效不断提高，解决了以往多数地方造林后不检查、不验收，导致数字不实的问题，有力促进了各地营造林质量的提高，保证了林业重点工程的质量；各工程之间存在的"工程差、时间差、空间差、统计差"等问题得到了有效遏制。同时，综合核查的开展，还有效避免了重复核查，利于减少基层开支、节约核查经费，提高了核查效率，增强了核查结果的权威性。

(2) 采伐限额执行情况检查是为加强森林采伐限额管理，规范林木采伐行为，确保采伐限额制度有效实施而开展的一项具有行政执法性质的检查。它源于1986年开展的全国森林资源消耗量及消耗结构调查，1998年在全国实行林木采伐限额核查制度后，转变成以林木采伐限额制度执行情况为重点的监督检查。采伐限额执行情况检查由国家林业局森林资源管理司组织实施，国家林业局4个直属森林资源监测中心和部分森林资源监督专员办承担具体任务。

采伐限额执行情况检查由国家林业局典型抽取编制采伐限额的县（局），并以县（局）为单位，通过抽取林班（村）、作业伐区和调查设计伐区，采取现地踏查、实地布设样地、样线调查、核实的方法进行。目前，GPS定位技术在检查中得到全面应用，样地、样线定位精度普遍提高，检查结果的测算方法进一步完善。

采伐限额执行情况检查结果主要以报告形式产出，用发证率、发证合格率、伐区凭证采伐率、伐区调查设计率和设计采伐量误差率等"五率"指标对各被检查单位做出综合评价。检查结果在全国进行通报，并下达整改通知书，通报主送省（自治区、直辖市）人民政府、林业厅（局）；抄送国务院办公厅、中纪委、监察部、国家改革和发展委员会等。各省（自治区、直辖市）按照国家林业局的要求对存在的问题进行限期整改，对破坏森林资源的重大案件进行依法处理。通过6年的采伐限额执行情况检查，初步遏制了超采伐限额的势头，90%以上的被检查县（局）没有出现超限额采伐、超计划采伐现象；同时检查结果为国家进行宏观决策提供了有力的依据。采伐限额执行情况检查，有力促进了采伐限额制度和木材生产计划制度的贯彻落实，使林木采伐管理逐步走上了制度化、规范化和法制化的轨道，森林资源采伐消耗量逐年降低，天然林资源得到有效保护，天然林资源保护工程区天然林商品性禁伐和木材产量调减基本如期实现。

(3) 征占用林地检查。为加强全国林地管理，有效遏制林地向非林地逆转，稳定全国林地面积，原林业部决定从1992年开始，由森林资源管理司负责组织4个直属森林资源监测中心和东北、内蒙古4个森林资源监督专员办，在全国开展征占用林地情况调查，这是一项带有行政执法检查性质的工作。

征占用林地调查(检查)按照典型抽样的方法抽取检查县，在县域范围内，采用社会调查、实地踏查和现地调查相结合的方法，检查各地征占用林地的情况。除了按统一内容和方法进行外，该项检查还与国家林业局的林地管理工作重点相结合，不同时期的检查内容各有侧重。1992年以来，征占用林地调查的主要内容包括：全国各地林地变为非林地情况、重点工程征占用林地情况、全国各地对国务院两个通知的贯彻落实情况、全国各地在《森林法实施条例》颁布实施后的林地管理情况，以及征占用林地的森林植被恢复费征收管理和使用情况等。2003年，国家林业局把"调查"改为"检查"，赋予了这项工作更多的执法性质。

征占用林地检查成果主要包括省级检查报告、监测区汇总报告、典型违法占用征用林地工程项目检查专题报告以及检查数据库文件和各类统计汇总表。检查成果在全国范围内进行通报，并下达整改通知书。该项工作开展10余年来，为规范林地管理、宣传国家林地管理法律法规、督办典型非法乱占林地项目、维护林地所有者和使用者的合法权益等发挥了重要作用，已成为全国林地管理的有效措施之一，有力促进了地方林地管理工作的开展，进一步增强了林地管理人员依法管理林地的意识，提高了林地管理水平，非法侵占林地现象日益减少。

（4）国家重点公益林区划界定认定核查与管护情况检查是为全面了解和掌握各省（自治区、直辖市）重点公益林区划界定和管护状况，核实重点公益林面积，评价各省（自治区、直辖市）申报的重点公益林区划界定成果质量，确保各省（自治区、直辖市）重点公益林区划界定成果的准确性和可靠性，为中央森林生态效益补偿基金的下达提供依据而开展的一项核查。由国家林业局森林资源管理司负责组织实施，国家林业局4个直属森林资源监测中心承担具体任务。

国家重点公益林区划界定认定与管护情况核查是依据各省（自治区、直辖市）上报的国家重点公益林或已经批准的国家重点公益林数据，由国家林业局按照一定的比例，按照机械抽样或典型抽样的方法抽取样本，现地开展调查、核实的方法。国家重点公益林区划界定认定核查内容主要包括重点公益林各类申报面积的认定，区划界定工作质量的评价，重点公益林主要现状因子的核查与调查，以及《国家林业局财政部重点公益林区划界定办法》的执行情况等。管护检查主要包括重点公益林管护制度和生态效益补偿基金管理制度的建立与落实情况、重点公益林资源管理情况、重点公益林监测情况、重点公益林面积变化、森林火灾、森林病虫害发生情况等。

国家重点公益林区划界定认定核查与管护情况检查成果是评价各省（自治区、直辖市）国家重点公益林区划界定情况、国家重点公益林管护情况和实行森林生态效益补偿制度的依据。2001年，我国森林分类经营改革取得了实质性突破，森林生态效益补助资金试点在黑龙江、辽宁、安徽、广西等11省（自治区）、660个县级单位和24个国家级自然保护区正式展开。根据国家林业局的安排，4个直属森林资源监测中心对森林生态效益补助资金试点单位开展了国家重点公益林认定核查。通过核查，为森林生态效益补偿制度的实施提供了可靠依据，确保了首批试点省份国家重点公益林的保护管理依法得到资金补助，结束了我国长期以来无偿使用森林生态价值的历史。2004年，又开展了第二批实行森林生态效益补助资金的国家重点公益林认定核查工作。从此，国家重点公益林认定和管护情况核查纳入了年度森林资源专项调（核）查范围。

## （七）各监测类型综合比较

新中国成立以来，我国林业监测体系建设工作取得了巨大的成绩，为国民经济发展和生态环境建设做出了重要贡献。不同的监测项目是在一定的社会经济和需求条件下产生和发展壮大的，各自具有其自身的特点，每种监测都有自己明确的目标、监测方法、监测内容、监测周期，并由专门的监测队伍来实施和专门的归口管理部门。为了更好的分析各种监测之间的特点和关系，将我国现有的林业监测体系中各项监测特征比较例于表5-1。

中国森林资源和生态状况综合监测研究

表5-1 我国林业监测体系特征比较表

| 监测类型 | 监测目标与任务 | 调查方法 | 承担单位 | 组织管理 | 周期（年） | 调查内容 | 范围 |
|---|---|---|---|---|---|---|---|
| 森林资源监测 | 一类调查 | 掌握宏观森林资源现状与动态，为制定和调整林业方针政策、规划、计划、监督检查各地森林资源消长任期目标责任制提供依据 | 在全国按照公里网格机械布设固定样地，样地大小一般为0.066公顷。定期实测固定样地和判读遥感加密样地 | 国家林业局4个直属森林资源监测中心和省（自治区、直辖市）各级林业调查规划（勘察）设计院（森林资源监测中心、队） | 森林资源管理司负责组织协调，各省（自治区、直辖市）林业主管部门负责组织 | 5 | 样地：空间位置、气候带、地貌、海拔、坡向、坡位、坡度、土壤名称、土壤厚度、腐殖质厚度、枯枝落叶厚度、灌木覆盖度、灌木平均高、草本覆盖度、草本平均高、植被总覆盖度、植被类型、地类、湿地类型、荒漠化类型、荒漠化程度、沙化类型、湿地保护等级、土地权属、林木权属、沙化程度、石漠化程度、平均年龄、龄组、优势树种、起源、林种、森林群落结构、林层结构、胸径、平均树高、郁闭度、树种结构、自然度、可及度、工程类别、森林类别、公益林事权等级和保护等级、商品林经营等级、森林灾害类型和灾害等级、森林健康等级、森林生态功能等级、四旁树株数、毛竹散生株数、毛竹林分株数、毛竹株数、杂竹株数、天然更新等级、地类面积等级、地类变化原因、有无特殊对待、样木总林数、面积、蓄积；<br>样木：样木号、立木类型、树种、胸径、林层、检尺类型、方位角、水平距离、采伐管理类型、蓄积。 | 全国 |

（续）

| 监测类型 | | 监测目标与任务 | 调查方法 | 承担单位 | 组织管理 | 周期（年） | 调查内容 | 范围 |
|---|---|---|---|---|---|---|---|---|
| 森林资源监测 | 二类调查 | 满足森林经营方案、总体设计、林业区划与规划设计需要 | 用地形图、遥感影像调绘小班，在小班内设置样地，采取样地实测法、目测法、航片估测法、卫片估测法 | 由具有林业调查规划设计资格证书的单位承担 | 各省林业主管部门负责组织实施 | 10 | 空间位置、权属、地类、工程类别、事权、保护等级、地貌、平均海拔、坡度、坡向和坡度、土壤名称、腐殖质层厚度、土层厚度（A+B层）、质地、石砾含量，下木植被优势和指示性植物种类、平均高度和覆盖度，立地类型、天然更新幼苗幼树与幼树株数、平均高度、平均根径、每公顷株数，林种、年龄、平均年龄、造林等级，天然更新等级、分布和生长情况，自然度，林层，群落结构，优势树种（组），起源，郁闭度或覆盖度，平均胸径、平均树高、优势木平均高，每公顷株数、散生木、直径，枯倒木蓄积量，整地方法，造林年度、造林密度、健康状况，规格、可及度，造林分布，人工幼林，混交比，成活率保存率及抚育措施，各竹林密度，经济林小班生产周期各类型的株数和株生长状况，辅助生产调查林的类型、用途、利用或保养现状、林网调查林带的行数、行距 | 县级 区域 |
| 荒漠化监测 | | 掌握荒漠化土地和沙化土地的现状及动态变化，为制定防沙治沙与防治荒漠化政策和发展规划提供基础资料 | 采用卫星遥感对荒漠化、沙化土地大而集中的地区采取遥感调查、其他地区采取地形图勾绘图斑的地面调查 | 国家林业局调查规划设计院，西北林业调查规划设计院中南林业调查规划设计院，省级林业调查（勘察设计）院，市县级林业调查队 | 国家林业局防沙治沙办公室具体组织实施 | 5 | 土地利用类型、土地类别、沙化土地类型、程度、地图斑位置、地貌类型、土壤质地、沙丘高度、植被种类、植被起源、植被盖度、植被高度、植被生长状况、沙化人为因素、气候类型、荒漠化类型、荒漠化程度、坡度、土壤砾石含量、作物长势、治理石漠化程度、土壤盐碱化比例、盐碱斑占地率荒漠斑面积的工程措施、沟壑面积比例、治理工程措施、沙丘高度、沙化人为因素比例、沙丘高度、荒漠化人为因素、地表形态 | 全国 |

（续）

| 监测类型 | 监测目标与任务 | 调查方法 | 承担单位 | 组织管理 | 周期（年） | 调查内容 | 范围 |
|---|---|---|---|---|---|---|---|
| 湿地监测 | 查清湿地资源现状和动态变化，为湿地资源的保护、管理和合理利用，履行《湿地公约》及其他有关国际公约或协定，开展国际交流和科学研究服务 | 一是全国范围采取观测地遥感调查；二是典型野外样地调查、踏查和数据收集；三是专项野外调查 | 由国家林业局湿地资源监测中心、省部级湿地监测站和湿地监测点3级监测机构组成的全国湿地监测网络体系 | 国家林业局野生动植物保护司组织实施 | 5 | 湿地类型、面积、分布、位置、海拔高度、地形、水文；地貌类型、土壤类型、泥炭厚度、年均降雨量及变化范围、年蒸发量及变化范围、年均气温及变化范围、≥10℃年均积温、水源流入方式、水源流出、水深、水位、蓄水量、积水时间、pH值、盐度、透明度、营养物、总氮、总磷、富营养状况、湿地鸟类名称、数量、小生境变迁情况、湿地兽类中文名、数量、植被种类、面积、动物中文名、数量类型、小生境、植被爬行分布、植被类型、植被利用和破坏情况、社会经济效益以及湿地资源利用情况、湿地功能效益、湿地受破坏或威胁的现状及主要威胁因子、受威胁的预测 | 全国 |
| 野生动植物监测 | 为有效保护、持续利用和科学管理野生动植物资源提供依据，国家宏观决策、履行国际公约或协定，开展国际交流及科学研究服务 | 常规调查和专项调查具体方法包括：最常用的方法是样带（线）法，其次是样点法、第三样方法，还有直接计算法、哄赶法、换算系数法 | 国家陆生野生动物监测中心(挂靠国家林业调查规划设计院)，省级野生动物监测站和野生动物定位监测点 | 国家林业局野生动植物保护司组织实施 | 暂无 | 地理位置（经度、纬度）、海拔、行政单位（县、乡或林场、村）、天气状况、鸟类（陆地鸟、水鸟）、兽类、两栖类、植物、动植物种类、数量、生境状况、人为活动类型及程度、兽类的实体、足迹、尿迹、卧痕、两栖爬行动物的性别、野生动植物及其产品贸易集散地的地点、种类、数量、规格、产地、来源、金额、目的、许可情况、运输情况、社会经济状况：土地面积、林地面积、森林覆盖率、草地面积、湿地面积、荒漠面积、农田面积、工业、农业、林业、旅游业产值比例、野生动植物产值比例、总人口、民族、狩猎人数、狩猎问卷调查 | 主要种类 |

中国森林资源和生态状况综合监测研究

（续）

| 监测类型 | 监测目标与任务 | 调查方法 | 承担单位 | 组织管理 | 周期（年） | 调查内容 | 范围 |
|---|---|---|---|---|---|---|---|
| 生态定位观测 | 为系统研究生态系统对生态环境影响的物理、化学和生物学过程，定量分析不同时空尺度上生态过程演变、转换与耦合机制提供信息 | 利用径流场、径流堰、气象站、固定样地等进行连续或定期观测的方法 | 各定位观测站依托单位 | 科技部及行业主管部门 | 连续 | 天气现象、风、空气温度、地表面和不同深度土壤的温度、空气湿度、辐射、冻土、大气降水、水面蒸发、森林枯落物、土壤物理性质、土壤化学性质、病虫害的发生与危害、水土资源的保持、污染对森林的影响、与森林有关的灾害的发生、生物多样性、水量、水质、森林群落结构、森林群落乔木层生物量和林木生长量、森林凋落物量、森林群落的养分、群落的天然更新 | 典型类型 |
| 森林火灾监测 | 对全国范围森林火灾的发生、蔓延趋势进行监测，并实现森林火灾的预警预报 | 利用航天遥感、航空巡视、瞭望台（塔）观察和地面巡护的实时观测方法 | 国家林业局及各级地方防火监测中心 | 国家林业局森林公安局负责组织实施 | 实时 | 火灾类型、火灾发生的具体地理位置、火灾燃烧的面积、森林气象火险等级 | 全国 |
| 森林病虫害监测 | 监测和预报森林病虫鼠害的发生和发展 | 遥感和实地观测、动植物检疫检查的方法 | 国家、省、地、县4级测报站点构成 | 国家林业局森林病虫害防治总站负责组织实施 | 实时 | 常规森林病虫鼠害灾害的发生防治、有害生物传播、扩散蔓延情况，包括病虫鼠害的类型、危害面积、检疫性病虫害的传播途径、扩散蔓延的速度、危害的严重性、病虫害发生的时间、地点 | 全国 |

（续）

| 监测类型 | 监测目标与任务 | 调查方法 | 承担单位 | 组织管理 | 周期（年） | 调查内容 | 范围 |
|---|---|---|---|---|---|---|---|
| 森林资源管理专项监测 | 评价全国营造林及重点林业工程建设的实施与成效的实绩；加强林地和森林采伐限额管理、规范林木采伐行为，确保采伐限额制度有效实施，遏制林地逆转，向非林地逆转；掌握重点公益林区划界定和管护状况，评价其成果质量，确保其成果的准确性和可靠性，为森林生态效益补偿基金的下达提供依据 | 县级自查，省级复查，国家林业局按照一定的比例以机械或典型抽样方式抽查，采取社会调查、现地踏查、实地布查，设样地或样线调查，核实的方法 | 国家林业局4个直属森林资源监测中心及森林资源监督专员办承担完成 | 国家林业局森林资源管理司负责组织实施 | 1 | 人工造林（更新）核查（实绩情况核查、保存状况调查），封山育林核查（出苗情况核查、成效核查），飞播造林核查（实绩核查、成效核查）；人工造林综合检查；年度森林采伐限额指标和木材生产计划的管理、执行情况，林木采伐管理情况；省级：林地管理机构设置、人员培训、职责落实情况，林地保护管理法规、制度建立和宣传情况，征用林地审核（批）制度执行情况，开展林地大检查或对非法侵占林地行为处置情况，除省级单位核查内容外，还包括档案建立情况、复查单位整改情况，其他内容有无毁林开垦情况，工程项目占用林地和依法审核（批）情况，用地单位检查内容，其他管理部门调查，指定检查的工程项目；重点公益林各类申报面积的认定、区划界定工作质量的评价，重点公益林主要现状因子的核查与调查以及《国家林业局财政部重点公益林区划界定办法》的执行情况等 |  |

## 二、特点

从表5-1分析比较可知，我国现行林业监测体系具有以下特点。

### （一）单项监测门类齐全

经过50多年的建设，我国的林业监测工作经历了从无到有、从小到大的发展过程。由于各类监测工作是随着经济社会的发展和林业与生态建设的需要而逐渐建立起来的，门类较为齐全。各类专项监测包括森林资源监测、荒漠化、沙化及石漠化土地监测、湿地资源监测、野生动植物资源调查、森林生态定位监测和其他专项监测6类。监测对象涵盖了森林、荒漠和湿地等自然生态系统，在国内外行业监测中监测对象比较齐全。各单项监测目标十分明确，为林业各部门管理提供了大量可靠的信息。

### （二）组织管理自成体系

我国的各项林业监测工作的组织管理由国家林业局各司局（办）分工负责，且各自形成了一套较为完善的监测工作管理体系。各省（自治区、直辖市、建设兵团）林业主管部门和各林业集团公司的对口职能机构负责本管辖区域内资源监测工作的组织实施；国家林业局直属的4个区域森林资源监测中心和各省森林资源监测队伍承担具体任务，其中各区域森林资源监测中心负责本区域资源监测工作的技术指导、方案审查等技术质量管理和成果汇总、分析工作。一些专项的资源监测工作则邀请国内有关大专院校和科研机构参加，如野生动植物调查等。

### （三）监测方法先进科学

我国的各项林业监测工作广泛采用了先进科学的监测方法。如国家森林资源连续清查采用了先进、科学、成熟的抽样技术方法，在全国范围内共布设固定样地41.50万个，遥感判读样地284.44万个，覆盖了祖国大陆全部国土范围，无论在技术上、规模上和组织管理方面均居国际领先地位，形成了比较完善的森林资源连续清查体系，体现了我国森林资源监测技术的发展水平。中国森林生态系统定位研究网络（CFERN）覆盖了中国主要国有林区，已有尖峰岭、大岗山、祁连山、帽儿山和会同等5个生态站入选国家级野外重点台站序列。在联合国粮食与农业组织(FAO)建设的全球陆地观测系统（GTOS）网络818个陆地生态系统监测台站（TEMS）中，收录了森林生态系统研究网络（CFERN）中的大岗山生态站和尖峰岭生态站，表明这些生态站的研究水平得到了国内外同行的认可。除了基本的地面实地调查外，数据库技术、模型技术、计算机技术等在监测工作中得到了广泛应用，遥感技术（RS）、全球定位系统（GPS）、地理信息系统（GIS）已开始推广应用，从而提高了监测质量及工作效率。

### （四）监测队伍初具规模

目前，全国林业调查规划设计队伍已经发展到1600多个，从业人员3.4万余人，分别在国家、省、地、县等不同层面上从事森林资源监测工作，成为林业建设的一支重要力量。其中国家级森林资源监测队伍4个，省级森林资源监测队伍38个，从业人数逾万人。国家级、省级森林资源监测队伍技术力量相对比较雄厚，技术水平较高，绝大多数具有林业调查规划设计甲级资质，是我国从事森林资源监测的中坚力量。地、县级森林资源监测队伍人员素质、技术装备相对较差，技术力量比较薄弱，技术水平较低，拥有的林业调查规划设计资质多为乙级以下，是从事森林资源监测的基础力量。

# 第二节　体系建设与信息供需问题分析

虽然我国的森林资源监测工作已经过了近50年的发展历程，特别是近期来与森林资源密切相关的各项资源监测工作也陆续展开，使得我国的森林资源监测及其他林业监测工作已经逐步从过去单目标属性的监测走向多目标属性的监测，从森林内部空间扩展到了外部空间。但是，由于目前各项监测相对独立，难以发挥综合效果，特别是随着我国林业建设由以木材生产为主向以生态建设为主转变，如何客观地评价我国林业建设成效以及生态状况变化情况，预测其发展趋势，更加有效地指导林业生产实践，是现有的各项监测难以满足的。同时与国外开展森林资源和生态状况监测及国内相关行业的监测相比，无论在组织管理、队伍建设、工作保障还是在信息的完整性、时效性、综合性、协调性乃至信息的管理、使用等方面都存在着一系列亟待解决的问题，已经成为我国林业监测体系发展极为重要的制约因素。

## 一、体系建设问题分析

我国的林业监测体系尽管具有自己的特点和优势，但用发展的眼光来看，由于受各种主客观条件的局限，还是存在着一定的问题。归纳起来，主要表现在各项监测目标单一、组织管理比较分散、技术标准不够统一、综合评价能力不足、保障体系不够健全等5个方面。

### （一）各项监测目标单一

我国的森林资源监测及其他林业监测，在长期的建设和发展中，形成了门类相对齐全的各单项监测，但从监测目标、信息采集、信息处理、信息与成果的利用及发布等方面看，各项监测均自成体系，相对独立。比如森林资源监测形成了国家森林资源监测中心、各省森林资源监测中心的监测体系，野生动植物监测则形成了国家野生动植物监测中心、各省野生动植物监测站和野生动植物监测点的体系。

与发达国家的林业监测及国内相关行业开展的综合监测相比，这种独成体系的单项监测使得各项监测目标单一，监测成果缺乏必要的统一管理和协调，难以进行统一的发展规划和系统设计，且成果多以单项形式发布，难以让公众了解林业建设的整体状况；单项监测在体系规划、设计与建设方面以满足单一的监测目标为主，标准化、规范化程度不高，信息采集内容相对单一，且各项监测的时间安排也各不相同，时效性不能统一，难以进行综合分析评价，林业监测的整体效应不能充分发挥，严重影响了林业监测事业的发展，且难以满足经济社会发展和生态建设的要求。

### （二）组织管理比较分散

由于各项林业监测体系是随着经济社会的发展和林业与生态建设的需要而逐渐建立起来的，其主要目的是满足某一部门工作的需要，因此，形成了不同的职能管理部门各管一摊、各自为政、条块分割的分治局面。各项监测之间互不协调的现象愈显突出，难以提供综合性强的信息，其主要原因是组织管理比较分散。

与发达国家的林业监测体系和国内相关行业监测体系相比，我国的林业监测组织管理过于分散的弊病十分明显。一是监测资源共享困难，造成了投资分散，资金严重不足，致使一些必要的基础资料、仪器设备缺乏，更难以得到及时更新，满足不了各项监测工作的要求，影响了监测成果的准确性和可靠性。二是由于缺乏统一的规划和系统设计，各监测体系缺少统一的基础信息平台，相互之间难以兼容，无法形成整体效应，造成了数出多门，不能保证信息的协调一致；亦或导致一些信息被深锁"闺阁"，形成了信息产出和使用的低效状况。三是监测单位内部机构重复设置，一般情况下各项监测都由国家或省级林业调查规划设计院（监测中心）承担，但由于监测的管理分属国家林业局的各个职能管理机构，因此监测单位内部对应于单项监测设置机构、配备人员和设备，组织管理比较分散。

### （三）技术标准不够统一

技术标准和方法是确保监测成果质量的关键因素之一。由于目前各单项监测条块分割、各自为政，导致技术标准制定与监测方法研究工作进展缓慢。现有单项监测技术标准不统一、甚至出现矛盾的问题比较突出，没有形成一套真正意义上的国家或行业监测标准，远不能满足综合分析评价工作的需要。比如土地利用类型划分标准，在森林资源连续清查技术规定中一级为林地和非林地，然后再往下分。而在荒漠化监测技术规定中一级分类包括耕地、林地、草地、城镇居民点、水域和未利用地等。这使得两个监测体系在地类划分方面的标准不统一，数据整合困难。

各单项监测的技术标准不统一。各项监测规程对某些共性的监测因子技术标准存在差异，精度要求和误差控制均不相同，技术规程的科学性、权威性、规范性不够，缺乏与国内其他部门标准及国际同类标准的统一和兼容；同时在数据录入、处理和统计分析等方面规范化程度不一，导致产出信息的规范化、标准化程度偏低，监测数据难以在同一层次、统一平台上进行综合处理。

监测方法不协调主要表现在：一是没有统一的抽样框架，无法对本可以用样地调查方法进行监测的内容采用统一的抽样框架开展监测，从而导致效率不高；二是监测方法有差异，对不同单项监测中相同的监测内容采用了不同的监测方法；三是监测时间、周期不一致。目前我国森林资源监测及其他林业监测基本以5年或10年为一个监测周期，有些监测周期相同但时间不吻合，如森林资源连续清查与荒漠化监测；有些监测还没有形成固定的监测周期，如野生动植物资源调查等。

### （四）综合评价能力不足

各项林业监测工作独立开展，使得采集的信息关联性、可比性差，时效性不一致，从而导致各项监测信息的协调性不好，难以形成较高的综合分析评价能力，无法满足各级林业主管部门和社会各界对生态状况综合信息的需求。

由于尚未建立国家综合监测中心，没有一支专门的技术力量从事各项监测信息的集中管理、综合分析和评价工作，从而缺乏对各类信息间的相关性分析与研究，未能形成一套完善、科学的评价指标体系，是导致监测信息评价能力不足的另一主要原因。此外，对综合评价分析工作重视程度不够，长期以来形成的"重外业、轻内业，重调查、轻分析"的现象仍然存在，分析问题主要停留于表面上，综合分析、因果关联不够，不能为决策和管理提供全面的信息支持。

## （五）保障体系不够健全

监测体系的建立和发展，均需要有一定的经费、技术和机制方面的保障。目前由于经费投入不足、技术支撑不够、监测工作缺乏有效机制等一系列问题的存在，从而使我国现行林业监测体系的完善和发展受到制约。

首先是监测经费严重不足。以1999～2003年开展的第六次全国森林资源清查为例，国家共投入经费1.5亿元，但实际支出费用高达6.1亿元，是国家投资的4倍。由于资金投入严重不足，导致监测队伍的装备相当落后。目前各项林业监测所采用的外业调查工具还是20世纪50年代就开始使用的脚架罗盘仪、测绳、皮尺、钢围尺和老式测高器，野外信息记载以纸和笔为主，全球定位仪和数据采集器在近几年才逐步开始试用；野外调查主要依靠步行、马匹和自行车，劳动强度大，工作效率低下。

其次是科技开发重视不够。科学技术是第一生产力，但是我国的各级林业监测机构，既无专门从事科研开发的二级机构和技术人员，也无专项科研经费。而具备研究开发能力的科研院所和大专院校，对监测工作的参与度也不够。从而使得对监测技术的研究不够，导致技术更新缓慢，不能有效地开展动态分析、综合评价和趋势预测，使监测体系的健康发展难以得到保障。

最后是制度建设尚待完善。人才资源是第一战略资源，制度建设是保持监测队伍稳定发展的重要基础。由于没有建立人才教育培训制度，使各级监测机构存在人才结构不合理现象，综合型人才和高层次人才太少，整个监测队伍的知识更新速度跟不上时代的发展。另外，由于没有建立起一套真正行之有效的激励机制，难以充分调动全体技术人员的积极性，从而无法发挥出整个监测队伍所蕴藏的巨大潜力。

纵观以上存在的种种问题不难看出，目前我国林业监测体系的状况，已经无法适应新形势下我国林业和生态建设的发展要求，更难以满足我国实施可持续发展战略的需要，必须采取有效措施，花大力气进行认真的研究和探索，尽快建立起一个符合我国国情林情，并具有高效的运行机制、合理的指标体系、先进的信息采集和质量控制方法、统一的基础信息处理平台、规范的信息管理和服务的综合监测体系，真正为促进现代林业发展、构建和谐社会和建设社会主义新农村提供决策依据。

# 二、信息供需问题分析

## （一）现有信息供给状况

为满足日益增长的国际交流与合作、国家宏观管理与决策、林业经营管理部门制定各种规划计划和相关行业、领域的发展战略决策，以及广大社会公众为增长科学知识、提高环保意识等对我国森林资源与生态状况及其动态变化的信息需求，我国自20世纪50年代以来已先后建立了森林资源、荒漠化、湿地、野生动植物、森林防火、森林病虫鼠害、森林生态系统等一系列专项监测体系。

通过对森林资源、荒漠化、湿地、森林生态系统定位站、野生动植物、造林综合核查、采伐等监测类型的监测内容、监测周期、监测范围等进行综合分析，结合各种层次信息需求的内容、时间等，现有林业监测体系信息供给能力（按3个等级，即满足度小于50%、51%～80%、大于80%）及其不满足的原因（时间周期达不到、内容和指标不完善、覆盖范围小、无专门的监测体系等4个方面）进行初步定性并归纳于表5-2。

表5-2　我国现有主要监测体系信息供给能力分析表

| 需求层次 | 信息满足程度 | | | 不满足原因 | | | |
|---|---|---|---|---|---|---|---|
| | 小于50% | 50%~80% | 大于80% | 时间 | 内容指标 | 覆盖范围 | 监测体系 |
| 国际交流与合作 | | | | | | | |
| 　防治荒漠化公约履约报告 | | | | | | | |
| 　生物多样性公约履约报告 | | | | | | | |
| 　湿地公约履约报告 | | | | | | | |
| 　濒危野生动植物贸易公约履约报告 | | | | | | | |
| 　世界森林状态报告 | | | | | | | |
| 　联合国森林论坛国家报告 | | | | | | | |
| 　国际热带木材组织报告 | | | | | | | |
| 　世界自然保护联盟受威胁物种划分 | | | | | | | |
| 　世界自然遗产公约 | | | | | | | |
| 　国际气候变化框架公约 | | | | | | | |
| 国家宏观决策 | | | | | | | |
| 　经济可持续发展 | | | | | | | |
| 　国土生态安全 | | | | | | | |
| 生态建设与林业发展 | | | | | | | |
| 　生态建设状况评价 | | | | | | | |
| 　　生态治理 | | | | | | | |
| 　　生态破坏 | | | | | | | |
| 　　生态状况综合评价 | | | | | | | |
| 　　森林生态系统评价 | | | | | | | |
| 　　荒漠生态系统评价 | | | | | | | |
| 　　湿地生态系统评价 | | | | | | | |
| 　　林业生态工程效益评价 | | | | | | | |
| 　林业可持续发展 | | | | | | | |
| 　现代林业评价 | | | | | | | |
| 森林可持续经营 | | | | | | | |
| 　森林可持续经营管理 | | | | | | | |
| 　森林可持续经营评价 | | | | | | | |
| 相关行业与社会公众 | | | | | | | |
| 　相关行业 | | | | | | | |
| 　社会公众 | | | | | | | |

### （二）信息供需问题分析

从表5-2可见，由于这些监测之间存在管理不协调、标准不一致、时间不统一等问题，导致目前的林业监测体系难以满足各层次的信息需求，突出表现在信息提供的完整性不够、时效性不佳、综合性不强、协调性不好、重复性严重等5个方面。

#### 1. 信息的完整性不够

目前我国林业监测没有一个统一的基础信息平台，只能靠各单项监测提供部分信息，信息的完整性不够，难以满足不同层次的信息需求。

《世界森林状况》报告的信息需求包括统计汇总信息和评价信息两部分，其中统计汇总信息包括基本信息，森林面积及变化，森林类型及蓄积和生物量，林产品生产、贸易和消费等4个方面；在评价信息部分，包括15个方面200多项信息要素。不仅需要森林、林木、林地的面积、蓄积信息，还需要生物量、碳储量的信息；不仅需要植物信息，还需要动物信息；不仅需要乔木信息，还需要灌木、草本信息；不仅需要木质林产品资源信息，还需要非木质林产品资源信息。其中涉及森林功能、生物量储量、森林碳储量、生物多样性、非木质林产品产量、非木质林产品产值等6个方面数十项信息，在目前的林业监测体系中缺乏足够的数据支持，不能完全满足《世界森林状况》报告的需要。

在履行《联合国防治荒漠化公约》国家报告中，不仅需要荒漠化土地信息，还需要因森林破坏导致荒漠化土地的变化信息；不仅需要草地、农田退化产生的荒漠化信息，也需要林地退化产生的荒漠化信息等。具体包括荒漠化状况、动态变化、荒漠化产生的影响和荒漠化防治等4个方面。从国家林业局荒漠化监测的内容看，可基本满足荒漠化状况、动态变化和荒漠化防治状况信息，但对荒漠化产生的影响信息（荒漠化地区的水土流失量、产生的损失等）则难以满足。

履行《生物多样性公约》国家报告需求信息包括生物多样性状况、生物多样性保护和生物资源利用3个方面。目前我国还没有系统的生物多样性监测或调查体系，新中国成立以来只开展过一次野生动植物调查，其调查内容也只涉到2465种中的252种，只掌握了191个种的基础数据（种群数量、分布、栖息地状况、驯养繁育情况及受威胁的主要原因）和61个种的种群动态，还缺乏大量的野生动植物信息。

《湿地公约》履约国需按要求填报国际重要湿地信息表，该信息表包括信息采集情况、湿地状况信息和湿地保护信息。我国虽然进行了湿地资源普查，但普查的项目简单、内容少，不能满足《湿地公约》履约报告的信息需求，特别是湿地信息表中要求的水文价值、社会和文化价值等多项信息在目前是难以满足的。

IPF/IFF建议行动国家报告、国家宏观决策、林业发展与生态建设、相关行业和社会公众等对森林资源与生态状况的信息需求是综合的，目前还没有一个专项监测能满足其全部信息需求。

中国可持续发展评价的标准要求提供的森林资源与生态状况信息达到28项，其中森林生态系统总生物量、平均单位面积生物量、人均生物量、林地土壤侵蚀模数、林地水土流失率、森林或林木对三废的处理率、林地荒漠化率等近10项信息缺乏。

国土生态安全宏观管理与决策需要涉及地理、气候等8个方面的几十项要素，其中净化空气、涵养水源、防风固沙、野生动植物分布等要素，难以提供覆盖全国的信息。

林业可持续发展战略决策需要的信息包括林地资源等4个方面50余项要素，其中各种非木质林产品资源的种类、名称、数量、分布、开发利用状况，森林的人文特征、风景特征、文化特征和宗教特征等要素难以提供相关信息。

生态建设效益评价需要包括生态治理、生态破坏、生态效益等3个方面90余项要素，其中沙尘天气造成的各种损失、土壤污染、水污染、每年的生物物种消失状况等信息难以从现有监测体系中获得。

根据《中国森林可持续经营标准与指标框架》，森林可持续经营评价应包括8个标准和80项指标。按照目前的监测体系，只能提供森林类型面积和活立木蓄积、林地中各类土地面积的比例、用材林蓄积、人工林面积及蓄积等11项指标的信息，还有69项指标缺乏相关信息。

森林经营方案的编制、实施和评价以及森林生态系统健康保护所需森林资源和生态状况信息共包括林地、自然环境、土壤、森林、植被等28个方面300多项要素，其中森林土壤的物理性质、养分和水循环，森林非木质林产品的动植物资源的种类、名称、数量、分布、价值、开发利用程度，森林生态系统的水文系统指标、水污染与水质指标、空气污染指标等超过100项指标信息缺乏。

相关行业和社会公众等需求的森林资源与生态状况信息虽然难以准确界定，但可以肯定，因所处的行业、领域、区域、社会、经济、文化等的不同，他们所需要的信息是广泛的。目前的监测体系能提供的主要是各类型森林的面积、蓄积、分布等定量数据和森林的经济、生态和社会功能的定性描述，不能提供森林综合效益的准确指标和生态状况总体评价指标。另外一个使相关行业和社会公众信息需求满足度低的原因是由于信息共享机制导致信息孤岛。

在森林生态系统、湿地生态系统、荒漠生态系统和林业生态工程等效益评价方面，信息缺乏十分严重，这主要是没有支撑该项评价的监测体系，到目前为止，全国才只有几十个生态定位站，只能代表极其少量的生态系统类型，不足以支撑全国性的相关生态系统和林业生态工程建设效益评价。

### 2. 信息的时效性不佳

森林资源与生态状况信息的时效性不佳主要体现在3个方面：一是不同监测体系之间提供信息的时间不一致。如全国森林资源信息的最新时间为2003年，并且按5年的间隔期提供，目前共提供了6次；荒漠化信息的最新时间为2004年，也按5年的间隔期提供，目前共提供了3次；湿地资源和野生动植物资源都只在20世纪90年代中期由国家林业局组织相关部门开展过一次全国性普查，还没有动态监测信息。二是同一监测体系因时间跨度长，出现不同区域的信息获取时间不一致。如我国的森林资源连续清查体系，时间跨度为5年，第六次清查（1999～2003年）的数据，是由1999、2000、2001、2002、2003年共5个年度的调查数据汇总而成的；野生动植物资源调查的时间跨度为8年，信息获取时间为1996～2003年，结果也是多个年度的汇总数据。目前我国的林业监测体系中，除森林火灾通过卫星遥感监测，可以实现在一定面积精度范围内的火点、火情的每天监测结果外，其他监测体系都不能每年提供一个监测结果。三是信息提供时间与信息需求时间不吻合。我国的森林资源监测数据每5年产出一次结果，而《世界森林状况》报告每2年出版一次，所以不能提供两年一次的森林资源实际监测数据。《联合国防治荒漠化公约》国家报告要求每两年提交一次，而我国的荒漠化调查每5年才进行一次。我们现在提供的有关动植物种类的全国信息仍然是多年前的调查统计结果，不能提供每隔2～5年的状态信息。

### 3. 信息的综合性不强

我国目前的森林资源监测、荒漠化监测、野生动植物监测、湿地资源监测、森林火灾遥感监测等基本都覆盖了全国范围，但这些监测所采集的信息都只是某一侧面的信息，不能完全涵盖森林资源及其相关生态系统的全部信息。因此，尽管在地域上是广泛的，但信息内容的综合性是有局限的。而以研究生态系统功能和过程为主要目的的生态定位观测，收集的信息包括生态系统内的气候、环境、水资源、土壤、植被等的现状及其动态变化，是所有专项监测中采集信息最丰富的，信息获取的频率最高，信息的连续性最强。但由于生态系统类型多样、生态系统定位观测站建设与运行费用昂贵、对专业知识要求较高等原因，要对所有的生态系统进行全面的长期定位监测是困难的。因此，到目前为止，全国的生态系统定位监测站只有为数不多的几十个，分布在一些典型生态系统类型或植被地理分布区（带）。虽然生态定位监测所获取的信息内容是最丰富的，但由于受到站点数量和分布的限制，使得其监测信息的空间代表性受到局限，生态定位站的信息只能反映特定的生态系统的状态和变化，不能反映全国或大区域的普遍特征。因此，不能通过数量十分有限的生态定位站的观测信息形成全国范围的信息。由于缺乏对点面信息的有机结合，从而导致综合分析和评价能力不足。

### 4. 信息的协调性不好

由于在各监测体系建设过程中缺乏系统的指导思想，没能做到统筹兼顾，从而造成目前互不沟通、各自为政的局面，使各监测体系提供的信息之间缺乏有机协调，导致该收集的信息没有收集到；或其他监测体系已收集的信息，本监测体系又重复采集；或同项因子，不同的监测体系有不同的技术标准等。比如，森林资源监测体系本应该充分利用其完善的抽样框架，在采集有关乔木信息的同时采集野生动植物信息，但实际上没有这样做，而野生动植物调查由专门人员承担，但又不能覆盖到全国范围；森林资源监测的内容包括了荒漠化的信息，荒漠化监测的内容也包括了有关森林植被的信息，出现重复调查；同样为植被调查，生态定位站的分类系统和森林资源监测的分类系统却不属同一水平等等。还有很多类似的问题，在此不一一列举。

### 5. 信息重复严重

由于不同的监测体系归口不同的部门管理，各监测体系在功能和采集信息内容方面追求大而全，不顾及相关监测体系的监测内容，出现严重的信息重复现象，比如，土地类型（土地利用类型）这一大类指标，在森林资源一类、二类调查，荒漠化调查和湿地调查等4个监测体系中均有设置，只是细化程度有所差异。另外，湿地类型在森林资源一类清查中有，在湿地监测中也有；再有就土地沙化，在森林资源一类清查中有，在荒漠化监测中也有。由于每个监测体系所采用的数据采集方法、手段不同，这就不可避免的造成全国或某地区的土地类、沙化土地类型、湿地类型等统计结果有不完全相同的多种数据，那么，哪一个才是权威的数据呢？实在难以定论。

综上所述，我国现有的林业监测体系难以满足各层次的信息需求，很多问题靠各专项监测体系自身的完善是不可能解决的。只有将森林资源及其相关的生态系统作为一个整体考虑，构建森林资源和生态状况综合监测体系，才是解决上述信息供需问题的根本途径。

# 第六章

## 综合监测体系建设的总体思路

　　世界林业发展的理论与实践表明，在不同的社会发展历史阶段，经济社会对林业的需求不同，国家林业宏观政策和森林经营管理的信息需求也会随之发生变化。森林作为一个巨大的可再生自然资源库，是陆地生态系统的主体，与其他生态系统有着必然的多渠道关联，是维系人与自然和谐统一的纽带和国土生态安全的保障。随着人们对森林在区域、国家乃至全球范围内所具有的生态作用的认识不断提高，国际社会、国内各部门对林业在国民经济、生态建设、社会可持续发展以及人与自然和谐发展中的作用越来越关注。当今林业已成为国家发展全局中的一个战略重点，它不仅是专门从事生态产品生产的部门，是促进人与自然和谐、建设和谐社会的基础和前提，也是构建农业发展生态屏障、改善村容村貌、建设社会主义新农村的重要手段，是履行国际公约、树立国际形象的主要途径，地位越来越重要。林业在人类社会进步和经济社会可持续发展中定位的变化，赋予了林业监测工作新的使命，提出了更高要求。林业监测工作应适应林业发展和生态建设的新形势，紧紧围绕"生态建设、生态安全、生态文明"为核心的林业发展总体战略思想，牢固树立和认真落实科学发展观，以可持续发展理论为指导，遵循建设完备优质的生态体系、发达的林业产业体系和丰富的生态文化体系的客观规律，明确综合监测体系建设的指导原则、建设目标及建设思路，尽快建立全国森林资源和生态状况综合监测体系，以满足现代林业建设、社会经济发展、国际合作交流等越来越广泛的信息需求。

# 第一节　指导原则

随着以生态建设为主的林业发展战略全面实施，我国林业发展进入了由传统林业向现代林业转变的重要时期，搞好林业监测工作是加速推进传统林业向现代林业转变的基础保障。现阶段综合监测体系建设的指导思想是：贯彻落实《森林法》、《森林法实施条例》、《防沙治沙法》和《野生动物保护法》等法律法规，坚持科学发展观，以《关于加快林业发展的决定》关于"建立完善林业动态监测体系，整合现有监测资源"精神为指导，以保护和发展森林资源、改善生态状况、促进人与自然和谐、构建和谐社会为宗旨，以适应我国林业可持续发展、符合现代林业建设要求为目的，统一协调监测机构队伍、技术方法，积极引进新技术、新方法，科学整合监测资源，实现对监测信息的统一采集、处理和管理，提升现有监测体系的信息分析和综合评价能力，为国家和各部门提供专项和综合信息服务，为编制生态建设和林业产业发展规划、制定林业方针政策、促进林业发展及构建和谐社会提供有力保障。为确保综合体系建设协调有序、经济实用、科学先进、高效安全，应遵循一些原则。

## 一、统筹规划、逐级负责、分步实施的原则

综合监测体系建设是一项复杂的系统工程，涉及多层次、多部门、多领域，建设内容复杂，管理、协调和实施难度较大。综合体系建设应在现有监测体系基础上，建立主管领导负责制，统筹规划、统一组织，协调体系建设的进度，提高体系建设的效率。国家综合监测主管部门负责宏观组织、调控、监督，国家及地方各级综合监测机构具体承担建设任务。在坚持国家与地方相结合的基础上，根据项目实施的阶段性目标、内容、周期等要求，分步进行实施。

## 二、立足现实、科学整合、适度超前的原则

我国已开展了全国森林资源清查、森林生态系统定位监测、森林火灾监测、荒漠化、沙化、石漠化土地监测、野生动植物资源监测等，各自形成了相对独立的监测内容、指标系统、监测机构和队伍，构成了综合监测体系的基础。综合监测体系建设应充分利用现有监测队伍、组织、设备和技术等监测资源，本着稳定队伍、节约成本、提高效率的要求，进行科学、合理的整合。并根据我国及世界林业发展对综合监测的前瞻性信息需求，在体系建设的目标、内容、方法、信息管理和服务等方面紧跟世界发展前沿，建成集科学性、先进性、实用性、灵敏性于一体的综合监测体系，以适时反映我国森林资源和生态状况及其变化趋势，准确评估林业政策、工程实施的效果，客观评价林业对改善生态状况、促进经济发展和提高人民生活质量的贡献。

## 三、高起点、高标准、高水平建设的原则

综合监测体系建设应充分利用现代高新技术，借鉴国内外相关监测体系的先进经验，反映国际林业综合监测的发展方向。在我国现有森林资源监测体系的基础上，适应新形势林业发展要求，把森林生态、森林健康、生物多样性、野生动植物、森林生物量与碳储量、土地退化

与林地林木污染等反映森林资源和生态状况的内容纳入监测范畴，扩大监测外延、深化监测内涵；加强监测技术方法研究，积极引进新技术、新设备和新仪器，综合应用遥感、全球定位系统和地面定位调查技术，改进数据采集技术方法，实现数据采集的系统化，提高综合监测的时效性、准确性和全面性；建立高起点、高标准、高水平的综合监测基础信息平台，提升监测信息的综合分析与评价能力，确保综合监测成果的全面客观、科学准确、实用高效。

## 四、规范统一、高效实用、安全可靠的原则

规范统一的技术标准、管理程序、服务准则，是有效整合监测资源、实现森林资源和生态状况综合监测与信息共享的前提和基础，是综合监测体系建设的关键环节和重要内容。综合监测范围广、产出信息丰富、服务对象多，这就要求综合监测体系建设标准规范先行，协调好现有各项监测的技术标准，制定统一的综合监测规程，确保数据采集准确、数据管理可靠、综合评价可行、信息服务高效；组织好现有监测队伍，制定明确的综合监测管理办法，规范实施流程，确保组织保障有力、体系运转灵敏、服务机制完善。建立监测成果保密制度和分级共享使用标准，明确不同级别用户对从点数据到全国统计成果的使用范围，确保监测成果的安全与方便利用，充分发挥监测成果信息在提升林业经营管理水平、实现林业可持续发展、保障国土生态安全、构建社会主义和谐社会、推进我国林业国际合作进程中的作用。

## 五、需求主导、服务为本、信息共享的原则

综合监测体系的服务对象是各级林业主管部门，以及生态建设相关部门、社会各界和有关国际组织。从国内看，在横向层面上服务于林业与生态建设的决策部门、科研教学单位，以及其他社会组织和个人；在纵向层面上服务于国家、省（自治区、直辖市）、地（市、州）、县（旗、局）林业主管部门，以及林业经营单位。从国际看，服务于联合国粮食与农业组织及其他与我国林业和生态建设密切相关的国际组织、国际公约、大会与进程。因此，综合体系建设要从实际需求出发，充分考虑异构数据源的兼容性与共享性，做好综合监测信息管理平台的设计工作。在坚持需求主导、服务为本的原则基础上，科学制定信息无偿共享、有偿使用和安全保密的范围，形成合理的信息管理和信息共享机制，做到在维护我国森林资源和生态状况信息安全性的同时，尽可能地实现信息利用效益的最大化，满足林业经营管理、现代林业建设、国家宏观决策、国际合作与交流对信息的服务需求。

# 第二节　建设目标

## 一、总体目标

全面整合现有监测资源，强化组织机构与监测队伍建设，制定与完善监测技术标准、规程规范和管理办法，采用遥感技术、全球定位系统技术、地理信息系统技术、数据库技术和网络技术等高新技术手段，实现科学高效、综合灵敏、方便实用的信息采集，多目标、多层次、全方位的综合评价，系统化、网络化、智能化的信息管理与服务，全面提升森林资源和生态状

况综合监测的信息采集处理能力、综合评价能力、适时监控能力、快速应对能力和预测预警能力，最终建成"人才一流、技术一流、设备一流、管理一流、服务一流"，具有世界先进水平的全国森林资源和生态状况综合监测体系，为实现林业管理的信息化、科学化和现代化提供条件；为国家制定林业政策、编制国家林业发展规划和地方林业经营管理计划提供科学依据；为林业生态建设和社会经济可持续发展提供基础数据；为履行国际公约、参与国际合作与交流提供信息服务。

## 二、近期目标

到2010年，通过组织机构和监测技术的整合，制定规范统一的监测技术标准，建立综合监测基础信息平台，基本实现对森林生态系统、湿地生态系统、荒漠生态系统及其他相关生态系统的综合监测，初步形成森林资源和生态状况综合监测体系，基本适应生态建设和现代林业发展的需要。具体包括：

(1) 成立国家综合监测中心，加强国家林业局四个区域监测中心和省级监测中心的基础建设，建立健全市县级监测机构，基本形成较为完善的国家、省、市县三级综合监测管理机构。

(2) 制定和统一相关技术标准、规范、质量管理办法，初步实现森林资源和生态状况综合监测工作的标准化和规范化。

(3) 建立森林资源和生态状况综合评价指标体系，丰富评价内容，提高综合评价能力。

(4) 开展综合监测技术研究，制定对现有各项监测系统进行一体化整合的技术方案，选取具有代表性的省份进行试点，奠定全面实施综合监测的基础。

(5) 整合现有监测信息资源，建成综合监测数据库和覆盖国家级（国家和区域）综合监测中心和省级综合监测中心的网络平台，形成信息共享机制，基本实现信息管理和信息传输高效快速的网络化。

(6) 开展年度数据更新方法研究，基本实现对重点区域、重点国有林区、林业工程建设区的森林资源和生态状况年度监测。

(7) 形成监测信息报告制度，定期发布国家或区域综合监测与专项监测报告；适时发布特大森林火灾、飓风、海啸、地质等自然灾害对森林资源和生态状况的影响评估报告。

(8) 推动基础数表的编制和修订工作，初步完成生物量、碳储量、生产力和水土流失量等数表的编制。

## 三、中远期目标

中期目标：到2020年，进一步完善综合监测体系指标、标准、方法、规范，形成协调统一、运转灵活、反应快速的监测组织管理与实施机构，实现监测信息资源的统一管理，以及信息服务的系统化、规范化和网络化，具备对森林、湿地、荒漠等生态系统的综合监测能力，对森林健康、生物量、碳储量、生态功能、绿色GDP和森林植被抵御飓风、海啸、地质等灾害的综合评估能力，以及对森林资源和生态状况的综合预测预警能力，建成基本满足林业和生态建设需要的综合监测体系。

远期目标：到本世纪中叶，经过几十年的努力，高新技术得到充分应用，综合监测技术手段和信息服务能力达到世界先进水平，形成满足林业发展和生态建设需要的综合监测体系，全面实现对森林生态系统、湿地生态系统、荒漠生态系统及其他相关生态系统的适时监测与综合评价，为我国林业和国民经济可持续发展提供科学的决策依据，为建立国土生态安全体系、构建和谐社会提供有效的信息支持，为履行国际义务、增强国际合作能力提供全面的信息服务。

# 第三节 建设思路

综合监测建设是对各单项监测的有机整合，不是简单叠加，是综合、整体、内在的信息评价。单项监测的建立和发展为综合监测奠定了良好的技术、信息、队伍基础，综合监测是单项监测的升华，不是取代单项监测，而是使单项监测从更高层次、全方位得到强化，解决信息匮乏、信息孤岛和综合性不强等问题。按照建设目标的要求，综合监测体系建设应分三步走，第一步是通过整合初步建成体系。第二步是改进优化体系，第三步是完善提高体系。因此，对现有监测资源的整合是综合监测体系建设的首要任务，也是立足现有监测资源建设综合监测体系的基本思路。

## 一、整合监测机构，构筑综合监测组织体系

组织机构建设是综合监测体系建设的基础与重要组成部分。从世界林业发达国家及国内相关行业监测体系发展的状况来看，同行业不同部门的监测向跨部门一体化监测发展的趋势十分明显。通过成立负责组织监测工作实施的全国组织机构，彻底改变了不同监测项目由不同行政部门管理的方式，成功解决了监测项目间协调性不强的问题，节约了监测资源，提高了监测效率，丰富了监测成果。借鉴国内外监测体系建设的成功经验，结合我国林业行业行政管理实际，在综合监测体系建设中，应依托国家现行林业行政管理体系，遵循"层次管理"原则，吸收"扁平化"管理的优势，按"金字塔"管理模式，整合现有各项监测组织机构，充分利用各项监测的人力、物力、财力，加强队伍的制度化建设，把综合监测机构建设成为一支服务规范化、管理制度化和手段现代化的综合监测队伍，构筑运转高效的综合监测组织体系。

### （一）科学整合现有监测机构，优化队伍的配置结构

监测机构和人才是监测工作的基础，是实现监测工作快速发展的前提。我国的监测机构和监测技术管理人才相对短缺，至今尚无国家森林资源监测中心，国家信息数据分析处理能力和技术管理能力薄弱；区域监测中心人才流失严重，缺乏技术创新能力和动力；地方监测机构不健全，以二类调查为主体的监测工作远落后于林业发展的要求。特别是，随着监测工作的发展，全国监测日常事务、技术进步、数据处理与汇总等工作量大量增加，需要专门的监测机构进行协调、管理，建立国家综合监测中心日益显得重要和迫切。因此，综合监测体系建设应按照以人为本的原则，建立一支高效协调运转的综合监测队伍。以国家现行林业行政管理体系为依托，通过整合各区域监测中心对口国家林业局各司（局、办）的信息服务职能和有关司（局、办）的监测管理职能，建立国家综合监测中心，全面负责综合监测的技术管理、数据管理、成果管理和信息服务工作；强化各区域监测中心建设，拓展资源监测业务范围，提高综合

监测和综合评价能力，与国家综合监测中心一起构成全国综合监测队伍的主导力量；加强省级监测机构建设，在省级森林资源监测中心（林业调查规划设计院）的基础上组建各省综合监测中心，成为全国综合监测队伍的中坚力量；市县级综合监测站建设应避免一刀切或等密度布局原则，对于大江大河、主要国有林区、重点工程建设区、生态脆弱及典型生态类型的县（局）可以设置综合监测站，对于森林生态系统代表性不强、非重点工程建设区的县（局），可考虑只在市（地、州）设立综合监测站。同级监测机构内部以任务为导向调整职能部门，不同级监测机构间基于信息流，建立"跨级"信息传输机制，这样既确保国家各项监测工作组织的统一指挥、协调一致，有利于产出成果的一致性，又能简化纵向管理层次，有利于监测任务及时的上传下达，提高工作效率，确保综合监测体系的有效运转。

### （二）加强监测机构建设，明确单位的公益事业性质

加强生态建设，改善生态环境，促进人与自然的和谐发展，是21世纪人类面临的共同主题，也是我国经济社会可持续发展的重要基础。中共中央、国务院《关于加快林业发展的决定》明确指出"在贯彻可持续发展战略中，要赋予林业以重要地位；在生态建设中，要赋予林业以首要地位；在西部大开发中，要赋予林业以基础地位。"林业定位的变化，决定了林业在经济社会可持续发展过程中，不仅是一项基础性产业，更是一项以生态建设为主的社会公益性事业。森林资源和生态状况综合监测作为发展现代林业、加强生态建设的基础性工作，具有社会公益事业性质。因此，综合体系机构建设应按照公益性事业单位的改革方式，明确各级监测机构为公益性事业单位，加大改革的力度，强化制度建设，突出其公益性、服务性和基础性，保持队伍稳定，落实财政经费，加强队伍基础建设，全面提升监测队伍的能力和水平。

### （三）加强制度建设，提高监测队伍的综合素质

森林资源与生态状况综合监测是一项对技术性非常强、人员素质要求很高的基础事业，又是一项非常艰苦的工作。现阶段我国森林资源监测队伍建设，存在总量不足，队员素质整体偏低，"高、精、尖"人才偏少，人才培养"短腿"的现象，尚不能完全适应综合监测体系建设的需要。队伍制度建设已经成为了林业监测事业发展的瓶颈和关键因素，是综合监测体系建设的核心问题。人才是核心，制度是保障。应牢固树立人才资源是第一资源的观念，以科学人才观为指导，把队伍和人才建设作为综合监测体系建设的第一要务，按照实施人才强国战略的基本要求，从管理体制、人才培训、监督机制等方面，着实加强监测队伍建设。在管理体制建设方面，应建立完善物质奖励、精神鼓励、人才竞争、人才开发的人才管理制度，选好人、用好人、管好人、留住人，创造人才发展空间和环境，形成人尽其才、才尽所用的局面。在人才培训机制建设方面，应加快培养造就一批适应时代发展要求的业务管理和专业技术人才队伍，并突出重点，加大紧缺和急需人才的优先培养力度，重点培养一批专业技术带头人和中青年技术骨干；通过技术培训、考察等多种方式，分期分批更新全体技术人员的专业知识，逐步提高监测队伍的整体素质。在监督机制建设方面，要全面推行持证上岗制、质量责任奖惩制、跨期质量责任追究制、定期汇报和通报制等一系列行之有效的监督与管理制度，确保综合监测项目实施的质量。加快建立综合监测队伍立体技术支撑体系，科技武装队伍，保障调查设备的更新和先进技术的应用，最终建设一支责任心强、政治思想好、办事公正、坚持原则、吃苦耐劳，并具有专业知识和实践经验的高素质综合监测队伍。

## 二、整合监测内容，实现对森林生态状况的全面监测

森林、湿地和野生动植物资源作为全世界的宝贵财富和人类赖以生存的物质基础，其有效保护和可持续发展已成为国际社会共同关注的重大政治和社会问题，对这些资源及其生态状况的监测也受到国际社会和各国政府的空前重视。林业监测工作作为实现林业可持续发展过程中的关键环节，其重要的基础地位已经到了广泛认同。我国林业监测工作经50多年的建设，建立了森林资源、荒漠/沙化土地、湿地资源和野生动植物资源等资源监测体系，在林业建设和国民经济发展中发挥重要的作用。但是，从目前我国各项林业监测的调查内容看，无论是森林资源连续清查、森林资源规划设计调查、荒漠化、沙化、石漠化土地监测、湿地资源监测、野生动植物监测，还是生态定位监测和其他专项监测，多局限于反映生态系统局部或表象特征，对监测对象的各种属性反映不全，难以形成完整翔实、协调统一的森林资源和生态状况信息，不能为新时期林业发展和生态建设提供强有力的基础信息保障，对监测内容的整合显得越来越迫切。整合监测内容，就是把森林及其生态状况视作一个整体功能系统，通过对已有各监测体系的调查因子进行分析，从满足各层次信息需求出发，对重复的因子进行合并、重组，对缺乏的因子进行增补、扩充，并进一步研究建立多资源、多目标、多效益的监测指标与评价指标体系，力求科学地揭示系统内部生物、环境各成分之间相互制约、相互影响的内在关系，从而实现对森林、荒漠化/沙化土地、湿地和野生动植物等资源和生态状况的全面监测。

### （一）将监测对象从资源提升到生态系统

森林、湿地、荒漠等自然生态系统，是一个多资源、多功能的综合体，不仅提供林木资源及非木材林产品，而且在调节气候、涵养水源、防止水土流失、保护生物多样性、保护自然遗产、维护生态平衡等方面还发挥着巨大的作用。随着新时期林业"双属性"重要论断和"三生态"林业发展战略思想的确立，生态需求已成为社会对林业的第一需求，生态建设成为林业建设的首要任务。因此，在新的历史阶段，林业建设不仅要以实现资源可持续经营为目的，更重要的是要通过对生态系统进行保护、恢复、重建和管理，建设和培育稳定的自然生态系统，把构建"近自然林业"、促进人与自然和谐发展作为最终目标。为适应这一历史性重大转变，直接为林业发展和生态建设服务的综合监测体系的监测对象，也必须从森林资源、湿地资源、荒漠化土地资源提升到相应的生态系统，实现从关注生态系统局部或表象特征，向关注生态系统的整体结构、系统功能及其综合效益转变，科学揭示生物个体、环境各成分之间相互制约、相互影响的内在关系和整体功能与效益，为林业和生态建设过程控制、适时调整完善林业政策和措施、推进我国林业又好又快发展提供及时完整、全面综合的信息支撑。

### （二）对监测内容进行科学整合

科学整合监测内容，必须以充分考虑满足各层次信息需求为前提，在对目前我国各项林业监测的调查内容进行认真分析的基础上，协调、综合与撤并各项监测之间的雷同或重叠的调查内容，增补和扩充满足现代林业发展和生态建设需要的新的调查内容。在目前开展的林业监测中，由于各项监测自成体系，为了获取较为全面的信息，对所有相关因子均进行了调查，从而造成各项监测之间调查内容存在一定程度的相互雷同或重叠。如森林资源监测和荒漠化、沙化、石漠化土地资源监测，都对土地利用和土地覆盖情况进行调查，包括地理环境因子、土壤因子、土地类型、植被类型、森林类型等；湿地资源监测既调查湿地生态系统的地理环境因子

Research on Integrated Monitoring Forest Resources and Ecological Status in China

和土地利用类型，也调查湿地的植被类型和森林类型，还调查其中的野生动植物资源。因此在森林资源监测、湿地资源监测和荒漠化、沙化、石漠化土地资源监测等的监测内容存在较多的重叠问题，特别是地理环境和土地利用类型的调查内容基本相同。同时，目前各项监测本身还存在着信息完整性不够的问题，新形势下林业发展和生态建设对监测工作又提出了新的信息需求，从而需要增加相应的调查内容。如必须增加对森林健康、生物量、碳储量、生态功能、水土流失等有关生态状况方面的调查内容，补充野生药材、森林食品、观赏植物等非木质林产品调查因子，适当扩充森林动植物资源的调查内容。通过对各项监测内容的科学整合和有效扩充，为全面开展森林资源和生态状况综合监测提供前提条件。

### （三）研建综合监测指标和评价指标体系

构建综合监测的指标体系是开展综合监测的一项重要的基础工作，具体包括监测指标和评价指标两个方面。监测指标的设置应在对各层次信息需求进行系统分析的基础上，充分考虑各监测对象的特点和监测内容的完整性，从土地覆盖、土地利用、土地荒漠化、沙化、石漠化、森林生态功能效益、木材资源及其他林产品、湿地资源、森林灾害与健康状况、生物量与生物多样性等7个方面研究建立综合监测指标体系。评价指标包括专项评价和综合评价指标，是对监测信息的进一步集成与提升。专项评价指标是为森林资源、湿地资源、荒漠化土地资源、野生动植物资源、森林火灾、森林病虫害等专项评价服务的，如森林资源的评价指标主要包括森林资源的数量和质量两个方面，数量可用森林面积（或森林覆盖率）、森林蓄积（或森林生物量）等表示，质量可用单位面积蓄积、单位面积生长量、林种结构、树种结构等表示。而综合评价指标体系应在专项评价指标的基础上构建，既可以是最具影响力的某些专项指标，如森林覆盖率、生物量、荒漠化土地面积、湿地面积、濒危物种数量等；也可以采用多级加权求和方法构建新的综合评价指标，如生态功能指数、生态综合指数等，实现森林资源和生态状况综合分析与评价。

## 三、整合监测方法，实现一体化的综合监测信息采集

加强技术创新，改进监测技术方法，提升森林资源和生态状况综合监测能力，是建设综合监测体系的关键和重要内容。进入21世纪，世界新科技革命发展的势头更加迅猛，人类社会步入了一个科技创新不断涌现的重要时期。在这个时期，技术的相互依存度增强，在单项技术的突破不能独柱擎天的时候，通过整合相关配套技术，将能形成强大生产力和竞争力。因此，技术创新不仅在于原创性的发明，也在于具有重大应用价值的集成创新。集成创新是把各个已有的技术单项有机地组合起来、融会贯通，构成一种新的技术或产品，创造出新的价值。在现代科技发展中，相关技术的集成创新以及由此形成的竞争优势，往往远远具有超过单项技术突破的意义。对国际上的创新活动进行考察，也不难发现近20多年来突破性的新技术并不多见，更多的是技术的交叉融合产生的创新。事实上，第六次全国森林资源清查首次实现全覆盖就是现代空间信息技术与地面调查技术融合、各种调查互相补充的结果。但是，如何有效地选择使用这些技术方法，使其既符合现有监测基础条件，又满足日益增长的信息需求，这是技术方法整合的关键所在，也是综合监测体系建设能否成功的决定因素之一。

### （一）科学整合调查方法

从现行各项林业监测体系的监测方法分析，森林资源、荒漠化、沙化土地、湿地资源、

野生动植物、森林病虫鼠害等监测，都是采用样地调查、斑块调查和定位观测的基本方法，有些调查方法如样线调查、遥感结合地面调查等也都是这些方法的不同变化形式，依据的基本理论和方法都是一致的，具有可以整合的共性。但现行的各类监测在进行样地调查、斑块调查和定位观测设计的时候，各自为政、完全独立，形成了互不关联的调查方案。在实施调查的过程中，调查因子只涉及各自监测体系的监测内容，大量的有价值信息不能及时采集，缺乏信息的互补性；在数据处理和汇总分析时，调查内容只能反映监测对象的现状、变化，难以客观、准确、综合反映监测对象的变化原因和发展趋势，不能综合评估全国或区域的森林资源和总体生态状况、变化规律及发展趋势。显然，一方面是各类监测样地总量巨大，调查队伍连续作战，调查区域和面积异常庞大；另一方面在调查内容上，又出现两种情况，一是存在部分因子的重复调查，二是对一些本监测体系不涉及但对生态系统综合评价非常有价值的因子却又未予调查，从而造成了大量监测资源的浪费。因此，监测方法在信息采集方面的整合，首先要从样地调查、斑块调查和定位观测的技术方案设计开始，全面考虑各项监测的需求，根据综合监测指标体系和综合评价指标体系，重新设计森林资源和生态状况综合监测的样地布设、样地面积、样地形状等；确定综合监测体系进行斑块调查和定位观测的信息采集内容、指标和调查因子，并根据林业发展和生态建设的特定信息需求，开展其他专项监测，及时补充和完善森林资源和生态状况各方面的信息。通过监测方法的整合，各类调查单元总量、配置和信息采集容量将得到优化，信息采集和野外调查工作效率也将相应得到提高。

## （二）综合应用先进技术

近20年来，以遥感技术（RS, remote sensing）、地理信息系统技术（GIS, geographic information system）和全球定位系统技术（GPS, globe position system）为核心的"3S"技术，已经发展成为世界范围内研究人类生活的地球变迁及进一步探索人类本身生存与可持续发展问题的强大技术支撑。并与日益成熟的数据采集器技术（PDA, personal digital assistant）形成了对地球进行空间观测、空间定位及空间分析的完整的信息采集技术体系。从现行各项监测体系应用的调查技术手段分析，森林资源、荒漠化、沙化土地、湿地资源、野生动植物、森林病虫鼠害等监测，在信息采集方面都较广泛地使用了遥感技术、地理信息系统技术、全球定位系统技术以及数据采集器技术等技术手段。由于各项监测体系相互独立，虽然TM、ETM、SPOT等不同空间分辨率的遥感信息源为各项监测工作发挥了巨大作用，但在遥感数据以及基础地理数据、社会经济数据等的购置、收集、使用、管理和应用研究等方面各行其事，难以实现共享，存在一定程度的监测资源浪费；在一些采用遥感技术进行调查的地区，样地或斑块的判读各自独立进行，数据不能共享，也严重降低了遥感技术和地理信息系统技术的应用效率。RS、GIS、GPS、PDA应用的一体化已是现代信息采集技术的发展趋势，通过各项监测的有机整合，可以充分利用现有卫星数据多时间（旬、日）、空间（从公千米级到米级）和高光谱分辨率的特点，建立基于卫星遥感数据、地理信息系统和全球定位系统技术的多级监测网络，拓展"3S"技术在样地调查、斑块调查、定位观测以及专项监测中的应用空间，增强各项监测技术的综合利用功效，提高各类信息源的综合利用效率。同时，通过有机整合各项监测，还可以减少手持罗盘仪、超声波（或红外线）测距仪、激光测高器、GPS和PDA等先进设备的重复购置，从而节约成本，提高先进设备利用率。

### （三）统一调整监测周期

现行各项监测体系中，森林资源、荒漠化、沙化土地、湿地资源、野生动植物、森林病虫鼠害等监测的周期一般为5年，有些监测的周期为10年，有的还没有形成固定的监测周期。虽然多项监测体系的监测周期相同，但起始时间不同，而且由于各监测体系相互独立，一方面导致在相同监测范围内的调查一次又一次，调查队伍以及地方参与者的配合一波又一波，造成较大的人力资源浪费；另一方面导致各项监测成果发布的时间不同，从而缺乏对我国森林资源和生态状况总体形势判断的相互佐证，在很大程度上削弱了林业监测的国际、国内影响力。因此，整合监测周期和调整起始时间，实施一体化信息采集，可以减少调查次数和调查单元总量，大幅度提高监测工作效益；并使调查成果得到极大丰富，各类数据得以相互协调，更能系统、全面、准确地反映森林资源和生态状况；而且可以实现各项监测成果的同时发布，更能客观评价林业工程的生态建设效益，提高整个林业监测的信息供给能力，扩大林业建设成就的社会影响。

## 四、整合信息资源，建立综合监测信息管理平台

"信息资源整合"是指信息资源优化组合的一种存在状态，是根据系统论的原则，依据一定的需要，对各个相对独立系统中的数据对象、功能结构及其互动关系进行融合、类聚和重组，重新结成为一个新的有机整体，形成一个效能更好的、效率更高的新的信息资源体系，从而全方位地为科学研究、决策提供信息保障。信息资源整合与信息共享，已成为当前科技界普遍关注的研究新领域之一，也是森林资源和生态状况综合监测体系建设的重要内容。目前，我国在建立和完善各类林业监测系统的基础上，各部门已相继开发出比较完善的监测业务信息管理系统，监测手段不断改进，技术水平不断提高。然而，现阶段各监测信息系统独立运行功能较强，而信息共享和综合分析能力仍然很弱。整合现有监测信息资源，建立综合监测数据仓库，提高监测信息系统的信息共享、综合分析评价和决策支持能力，是森林资源与生态状况综合监测体系建设的重点内容。

20世纪80年代，计算机和数据库技术开始广泛应用于我国林业监测工作，特别是20世纪90年代以后，随着计算机网络技术的迅猛发展和遥感技术、地理信息系统和全球定位系统技术应用的普及，已在森林资源连续清查、森林资源规划设计调查、荒漠化、沙化土地监测、湿地资源监测、野生动植物资源调查、森林生态定位监测、森林火灾监测、森林病虫鼠害监测、林业重点工程专项监测和森林资源管理专项监测等领域建立了各自独立的资源数据库和信息管理系统，并在各项监测和各个部门的管理工作中发挥了巨大作用。与此同时，经过多年的调查监测和信息收集，我国已保存了大量珍贵的监测数据和相关信息，这些信息主要包含6次森林资源清查数据、3次荒漠化、沙化土地监测数据、1次湿地调查数据、252种濒危陆生野生动物和189种濒危野生植物调查数据，以及各省多年的县级森林资源规划设计调查信息、森林生态定位监测信息、森林防火预警监测信息、森林病虫鼠害监测预报信息等内容，数据总量多达千亿兆字节以上。

但是，由于各项监测目标、内容、标准和方法的不同，系统开发的软硬件环境各异，监测信息存在大量异构问题，形成了"信息孤岛"，信息资源共享困难，利用率较低，信息管理系统综合处理能力不强，决策支持能力较差。同时，各项监测工作的信息化程度也参差不齐。一是各项监测的野外数据采集一般仍停留在手工作业阶段，野外数据采集器的应用还不普及；

二是由于缺乏专网支持，信息传输安全性得不到保障；三是市县级监测技术力量薄弱，信息化程度不高，大多未建立专门的监测信息系统。这些问题严重影响了监测成果的应用和监测技术水平的提高。因此，迫切需要按照新时期林业发展的要求，制定综合监测信息管理规范，开展监测信息资源整合技术研究，充分挖掘监测信息资源潜力，整合各项监测信息资源，建立健全各级监测信息系统，逐步建立森林资源和生态状况综合监测信息管理系统、数据仓库和信息传输专网，形成统一的综合监测信息服务系统，消除"信息孤岛"，避免信息化"黑洞"，提高综合信息分析评价和决策支持能力，使综合监测信息管理平台建设逐步向集中式管理、综合性分析评价、智能化决策支持、社会化服务方向发展，为全面建立森林资源和生态状况综合监测体系奠定基础。

## （一）制定综合监测信息管理规范

综合监测信息管理规范是整合信息资源的重要基础，是信息综合和信息共享的前提。现行各林业监测体系建设因缺乏统一的规划和标准，缺乏技术支撑体系和协同机制，各自为政，各建系统，造成了现有的信息系统都是孤立、分散、异构、封闭的系统架构，互相之间难以实现信息共享，已经成为了林业信息化进程的制约因素。因此，制定切实可行的管理机制和完善的标准规范体系是进行信息资源整合的首要任务。在管理机制建设方面，应加快制定综合监测信息管理办法，明确现有各系统衔接方式，保证综合监测信息系统建设的有序开展；制定综合监测信息管理系统运行机制，规范网络、数据库、应用系统的运行与维护，保证系统的稳定高效运行；制定数据更新管理制度，明确更新的时限、精度，以及数据审核、入库等要求，确保数据及时更新。在标准规范体系建设方面，建立以数据元素标准、信息分类编码标准、用户视图标准、概念数据库标准和逻辑数据库标准等为核心内容的数据标准体系；编制数据库更新规范，规范数据库更新的内容和时限、程序和方法、审核和检验等事项，确保森林资源数据的现实性；制定信息共享服务规范，规定信息服务的方式、机制等。逐步建立起运转高效的管理机制和规范统一的标准体系，为建立综合监测信息管理平台奠定基础。

## （二）整合集成各项监测信息资源

整合信息资源，联结信息孤岛，是林业信息化全面进入信息资源管理阶段后的必然要求。林业监测信息呈现多源性、多样性、多态性、多粒度、异构性等特征，致使信息资源横向不能共享，纵向不能贯通，形成信息孤岛的问题已非常突出。消除信息孤岛，整合集成各项监测信息资源，已成为提高监测信息综合应用水平和信息资源共享能力的迫切任务。为此，应对已开发的各类林业监测信息管理系统，在遵循统一的标准规范前提下，采用综合集成技术，按照集成性、完整性、一致性和安全性的原则，打破职能部门条块分割的监测信息管理系统架构，整合现有各项监测数据及计算机硬件和软件设备等信息资源，重整数据结构，组织数据转换，研制内外数据交换接口，重建数据环境，形成合理的系统结构，实现各项监测信息系统的互连互通和信息共享，避免历史数据、遥感数据、地理信息、系统软硬件等基础信息资源的闲置浪费，充分发挥监测信息资源的整体效益。

## （三）建立健全各级监测信息管理系统

建立健全各级监测信息管理系统是实现各级监测信息上传下达、充分发挥各级监测信息作用的有效途径。全国综合监测信息管理系统采用国家、省、县三级布局，建设内容包括资源数据库、业务应用系统、信息服务平台、网络体系等。国家与各省级系统通过以国家林业局专网为主干的广域网连接，省、县级系统通过专网、政务网或其他方式连接。各级系统相对独立，互为依托，分别提供相应的业务管理和信息服务。各级监测信息管理系统建设，应在遵循统一的标准规范的前提下，充分体现人性化的设计理念，为用户提供多种编码方式、数据自动查错、动态查询、图像自动叠加、多种数据格式的导入导出、指标自动生成、专题图和"控规"图则自动生成、用户的操作权限监控和历史版本数据的创建、查询与统计以及系统参数的导入和扩展等功能。对新开发的各类监测应用软件系统，应避免标准各异、各自为政、重复开发、互不相连等问题，按照从上到下"统一规划、统一标准、统一平台、统一管理"的原则进行开发，以保证监测信息资源的一致性、信息传输的安全性，便于集中管理和推广普及，满足各类监测数据的现场采集、上下传输、统一处理和综合分析。

### （四）构筑综合监测信息服务平台

构筑综合监测信息服务平台是实现互联互通、信息共享的重要基础。综合监测信息服务平台建设，应按照信息工程方法论的基本原理，在深入分析各部门职能域的信息需求、进行全面的"业务梳理"的基础上，构建"职能域—业务过程—业务活动"的业务模型，设计综合信息仓库的数据逻辑、物理模型，按照决策主题需要和数据综合程度采用多层结构来建立综合信息平台，既满足对信息综合利用和决策支持的需要，也使综合信息仓库具有向数据仓库迁移的可移植性。并依托连接国家、省、市县监测机构和各级林业主管部门的信息传输专网和国际互联网，构筑安全可靠的综合监测信息服务平台，从系统服务设施、应用服务设施、整合服务设施、信息服务设施和应用框架等各个层次和环节建立安全机制，完善安全体系，确保信息内容在存取、处理和传输各个环节中的机密性、完整性、可用性和可信度，满足不同层次用户对森林资源和生态状况的信息需求。一是按照满足国际合作与交流、国家宏观决策、生态建设与林业发展、相关行业与社会公众等层面的信息需求，集成各类监测数据，构建综合监测数据仓库，全面支持数据挖掘、综合分析、预测更新、模拟分析、管理决策等；二是按照国家林业局信息发布要求，建立综合监测门户网站，定期向社会公布森林资源和生态状况信息。

## 五、加强基础建设，保障综合监测体系健康发展

综合监测体系基础建设是在新形势下拓宽工作思路、加大综合监测科技含量、推进监测工作现代化的重要措施，有利于推动监测事业的全面发展，充分发挥综合监测功能，更好地服务于林业发展和生态建设。我国十分重视林业调查和监测工作的基础建设，先后组建了4个国家林业局直属的调查规划设计院（区域监测中心），以及地方各级调查规划设计（勘察设计）院（队），广泛吸收和借鉴各国先进技术、经验，开展了富有成效的研究工作，为森林资源连续清查、森林资源规划设计调查、荒漠化、沙化土地调查，以及野生动植物、森林火灾、森林病虫鼠害等专项监测工作的开展提供了必需的物质、人员、技术保障。目前，林业监测基础设施建设的突出问题是投入严重不足。主要表现在，没有高度统一的森林资源和生态状况监测机构，监测手段落后，野外调查装备简陋、仪器设备老化，生态监测设施设备缺乏，高新技术应用水平低，信息综合处理能力弱，林业基础数表陈旧等方面，影响了整个监测工作的正常开展。

综合监测体系建设是一项庞大的系统工程，首先要解决好基础建设问题。因此，研究并

借鉴世界各林业发达国家林业监测工作的经验，加强和完善综合监测体系基础建设是摆在我们面前的一项刻不容缓的任务。

### （一）增加科技投入，建立健全科研机制

科研是综合监测体系得以健康、持续发展的重要支柱之一。新形势下，应积极争取国家财政的支持，加大科研力度，拟成立综合监测技术研究中心，与科研院所、林业院校建立产学研合作机制，围绕综合监测体系与森林生态学、空间信息科学的依存关系等关键问题，进行科技攻关，建立和完善综合监测理论体系；启动与综合监测体系密切相关的重大研究项目，包括森林生物量与碳储量、综合监测与评价指标体系、多阶遥感监测等。此外，还应组织成立综合监测体系建设专家咨询组，科学考察和评估体系运转状况，确定体系发展方向，研究解决与体系发展有关的重大技术问题。

### （二）更新监测装备，加快基础设施建设

我国森林资源监测技术方法比较成熟，在国际上处于领先地位。但由于监测工作任务重，工作条件艰苦，设备使用频繁，加快了老化和破损，加上资金投入少，不能及时更新，更难及时添置新型设备，森林资源监测技术装备落后、仪器设备陈旧十分突出。同时，森林生态状况监测起步晚、起点低，缺少必要的设施设备，目前很难对生态工程建设进行全面定量监测，远远满足不了我国林业发展和生态建设的需要。因此，应加大投入力度，更新监测装备，加快基础设施建设步伐。首先，应为各级监测机构配备数据管理、分析和传输所必需的设备、软件，以增强国家级综合监测中心和省级综合监测中心的业务能力；其次，改善监测队伍的野外作业装备，更新数据采集和存贮工具，配备包括全站仪、PDA、罗盘仪、测树仪器、无线电遥测仪、望远镜、红外线夜视仪、森林水文监测设备等在内的设备，以提高信息采集效率和质量；第三，需要购置卫星遥感数据和基础地理信息数据，实现全国监测区的全覆盖，从而增强监测信息的时效性；第四，在现有森林生态系统定位观测站的基础上，增建国家林业重点工程建设区域和典型森林生态系统等重点区域监测站（点），并以点带面、点面结合，获取生态状况变化信息。

### （三）积极推进林业基础数表建设

林业基础数表是森林资源的度量衡，是森林资源监测、收获量预估、森林资产评估、森林经营和利用等的计量依据。林业基础数表实现标准化和系列化是监测体系建设的基础工作，直接影响到监测成果的质量。我国的林业基础数表建设严重滞后，现有林业数表大多为30年前编制，随着林况的变化，适应性越来越小，同时由于我国林业事业的快速发展，又有许多新的数表需要编制，已有林业基础数表仅能满足需要的25%。因此，随着林业事业的飞速发展和森林经营集约化程度的不断提高，应积极做好林业基础数表的编制工作。第一，要根据森林资源和生态状况综合监测的区域差异，更新或全面修订主要树种的立木材积表、生长率表和出材率表等数表；第二，要根据新时期森林资源和生态状况综合评价需求，新增森林经营数表和生态监测数表，包括生长率表、出材率表，以及基于树种的生物量、生产力和森林碳储量等计量数表，分区域编制主要森林生态类型功能数表。

# 第 七 章

## 综合监测体系建设的基本框架

全国森林资源和生态状况综合监测体系建设是适应我国新时期生态建设和林业发展的必然要求。为了描绘出综合监测体系的蓝图，需要根据综合监测体系建设"人才一流、技术一流、设备一流、管理一流、服务一流"的总体目标和立足现有监测基础、通过整合各项监测资源建设综合监测体系的基本思路，构建功能齐全、内容丰富、结构合理、组织协调的综合监测体系建设框架。从建设内容看，综合监测体系应该由组织体系和技术体系两大部分组成。其中，组织体系包括监测的机构、队伍和组织管理，技术体系包括监测的目标、内容、周期、方法及各种新技术手段的应用。

# 第一节　综合监测体系的总体框架

全国综合监测体系包括组织体系和技术体系，二者之间存在着密不可分的有机联系。组织体系建设是实施综合监测的保障，没有组织机构和监测队伍，一切监测工作就无从谈起。根据我国的实际情况，必须依托现行各级林业行政主管部门，建立以国家、省、市县三级监测机构为主体的组织体系。技术体系建设是实施综合监测的核心，没有技术的创新和集成，监测水平就不可能提高。按照信息流程，综合监测的技术体系可划分为信息采集、信息处理与分析评价、信息管理与服务3部分。综合监测体系的总体框架见图7-1。

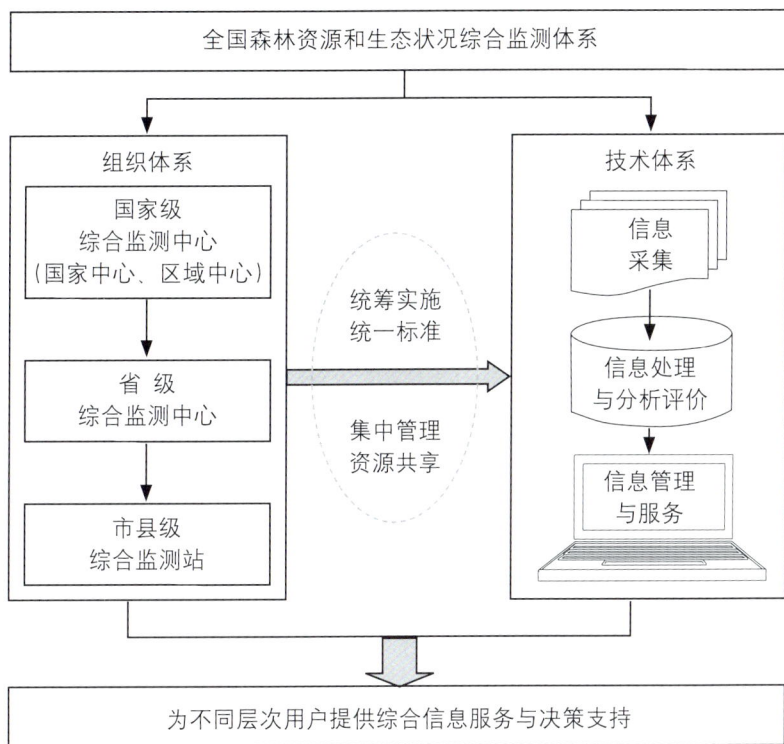

**图7-1　全国综合监测体系的总体框架**

综合监测的组织体系主要由国家级综合监测中心（含国家中心和区域中心）、省级综合监测中心、市县级综合监测站3个层次组成，实行分级管理负责制。国家级中心主要负责全国综合监测工作的技术管理和业务指导，承担国家级综合监测结果的分析评价和信息管理与服务系统建设；省级中心主要负责综合监测的信息采集、省级综合监测结果的分析评价，承担相应的数据库建设和信息服务；市县级监测站主要协助综合监测的信息采集，负责市县级监测信息管理和服务工作。

综合监测的技术体系应在通过对现有各项监测体系进行有机整合的基础上建立起来。首先，为适应以生态建设为主的林业发展战略的转变，监测的对象应该从森林资源、湿地资源、荒漠化土地资源等提升到相应的生态系统，并通过对各项监测内容的科学整合，为开展综合监测提供前提条件；其次，在综合考虑各项监测要求的基础上，通过科学整合监测方法，实现一体化的综合监测信息采集；第三，对监测信息进行统一处理，并通过构建综合监测的评价指标体系，实现对森林资源和生态状况的综合分析和评价；第四，通过构建监测信息管理平台，集成各项监测信息资源，规范信息的管理，为各层次用户提供信息服务。

为保证综合监测的顺利实施，应做到以下几点：第一，统筹实施。要整合各级监测机构，打破目前各自为政、条块分割的管理体制，合理安排、统筹实施，提高监测成果质量和工作效率。第二，统一标准。应整合各项监测的技术标准，形成统一的综合监测技术规程。第三，集中管理。对综合监测信息实行集中式管理和分布式运作，既保持各级各类监测数据库的相对独立，又保证各级监测机构之间的互连互通，做到综合监测信息的一体化管理。第四，资源共享。整合各级监测机构，可实现对各类监测资源的共享，提高综合监测效率，提升综合评价能力。通过加强组织体系和技术体系建设，促进二者的协调稳定发展，以适应生态建设和林业发展对森林资源和生态状况信息的需要。

# 第二节　综合监测体系的组织框架

全国森林资源和生态状况综合监测的组织体系建设，是推进技术体系各环节顺利实施的重要保障。综合监测组织体系由各级监测机构和相应的林业行政主管部门及其他相关单位和机构组成。建立健全各级综合监测机构，明确各级监测机构的职责，加强其能力建设和基础设施建设，有利于规范综合监测的信息采集、信息处理与分析评价、信息管理与服务等各个环节的工作，积极稳妥地推进整个综合监测体系建设。

## 一、综合监测体系的组织结构

为了担负起全国森林资源和生态状况综合监测的重任，满足各层次用户的信息需求，综合监测的组织体系应该由国家级、省级和市县级综合监测机构3个层次组成。其中，国家级综合监测机构包括国家综合监测中心和区域综合监测中心两部分（图7-2）。

首先，应建立国家森林资源和生态状况综合监测中心（简称国家综合监测中心）。国家综合监测中心是在国家林业局直接领导下的全额拨款事业单位，主要负责全国森林资源和生态状况综合监测的技术管理、数据管理和成果管理。只有建立国家综合监测中心，全面整合各区域监测中心对口国家林业局各司（局、办）的信息服务职能和有关司（局、办）的监测管理职能，才能有效解决因不同职能管理机构各管一摊、各自为政、条块分割而导致的重复投资现象严重、监测资源共享困难、技术标准协调不够、综合评价能力不足等问题，从而全面提升综合监测的信息采集、处理与分析评价能力，为促进林业又好又快发展提供良好的信息服务。

其次，加强各区域森林资源监测中心建设。目前，各区域监测中心的资源监测业务相对单一，尤其是京外3个区域监测中心仍然是以森林资源监测为主。为了适应以生态建设为主的林业发展战略的实施，必须拓展资源监测业务，从单一的森林资源监测过渡到包括森林、湿地、荒漠化等生态系统的全面监测，提高综合监测能力，使之逐渐成为满足现代林业发展需要的区域综合监测中心。

第三，加强地方森林资源监测机构建设。一方面要在省级森林资源监测中心或林业调查

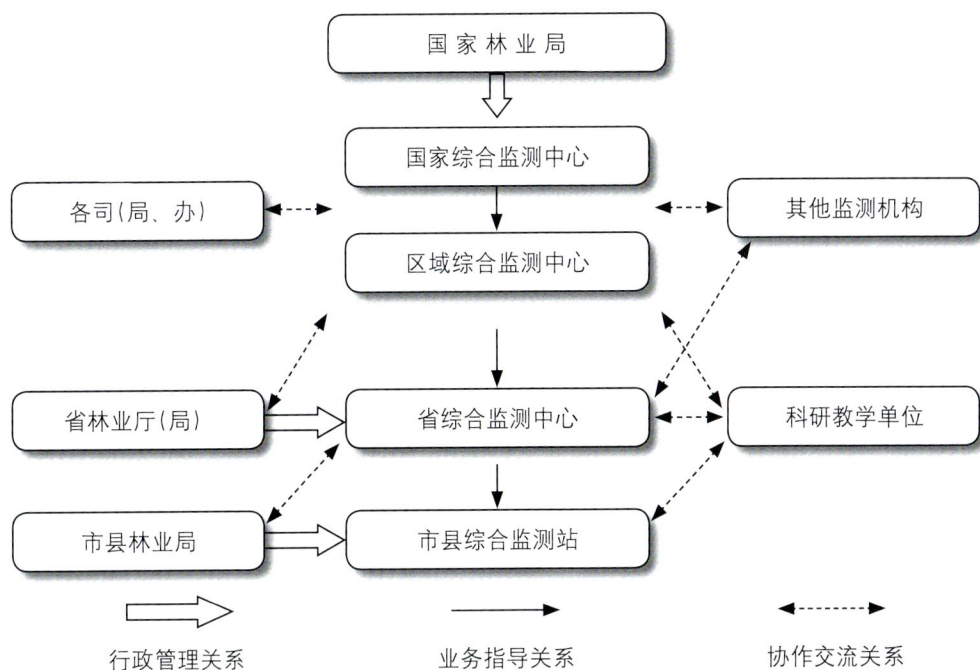

图7-2　全国综合监测体系的组织框架

规划设计院的基础上组建各省综合监测中心，承担全国森林资源和生态状况综合监测的主要任务；另一方面要把市县级森林资源调查队伍建设成为综合监测站，协助开展综合监测项目的信息采集工作。

## 二、各级监测机构的主要职责

### （一）国家级监测机构的主要职责

国家级监测机构是全国森林资源和生态状况综合监测的主导力量，代表全国林业监测领域的形象和水平。国家级监测机构的工作重点：负责综合监测的技术管理，包括综合监测技术规程、规范的制定，全国监测工作的业务指导，国外先进监测技术的引进与研究开发；主持样地调查的信息采集、信息处理与分析评价、信息管理与服务工作；承担国家级综合数据库和各分类汇总数据库的建设和管理，为国家宏观决策、社会公众和国际合作与交流提供信息服务；开展国家级和区域级专项评价和综合评价等工作；规范监测信息共享服务的范围和程序等。

**1. 国家综合监测中心**

国家综合监测中心的主要职责：

（1）组织制定全国森林资源和生态状况综合监测的有关技术标准和规程规范；

（2）组织引进国外先进的监测技术，开展有关综合监测技术的研究开发工作；

（3）承担国家级与跨区域级森林资源和生态状况综合监测项目分析评价工作，定期向国家林业局提交报告；

（4）负责全国森林资源和生态状况综合监测数据管理与信息服务系统建设，为国家林业局各部门、社会公众和国际合作与交流提供信息服务；

（5）负责对区域综合监测中心和省级综合监测中心提供技术咨询与业务指导。

**2. 区域综合监测中心**

区域综合监测中心的主要职责：

（1）承担全国森林资源和生态状况综合监测有关技术标准、规程规范的制定；

（2）承担国外先进监测技术的引进和有关综合监测技术的研究开发工作；

（3）负责区域内综合监测样地调查信息采集的技术指导、质量检查，承担省级和区域级的信息处理、分析评价和信息服务工作；

（4）负责区域内综合监测斑块调查和定位观测的技术指导和质量检查工作；

（5）负责区域内国家级其他专项监测项目的组织和实施，并承担相应的数据管理和信息服务工作；

（6）负责区域内综合监测工作的业务指导。

### （二）省级监测机构的主要职责

省级监测机构是全国综合监测领域的中坚力量。其工作重点是：负责地方综合监测的信息采集、信息处理和分析评价、信息管理和服务工作，及时为地方各级林业主管部门、林业生产经营单位提供信息服务。

省综合监测中心的主要职责：

（1）负责本省综合监测样地调查的信息采集工作；

（2）负责本省综合监测斑块调查工作的组织和实施，并承担相应的数据管理（含数据更新）和信息服务工作；

（3）负责本省其他省级监测项目的组织和实施；

（4）负责省级以下综合监测的数据管理和省级监测信息服务工作；

（5）负责本省范围内综合监测工作的业务指导。

### （三）市县级监测机构的主要职责

市县级监测机构是全国综合监测领域的基础力量。其工作重点是：协助区域综合监测中心和省级综合监测中心开展综合监测项目的信息采集工作；负责斑块调查数据更新的信息采集，规范林业生产经营管理信息工作；为市县级林业主管部门和林业生产经营单位提供信息服务。

市县级综合监测站的主要职责：

（1）协助综合监测样地调查的信息采集工作；

（2）承担综合监测斑块调查的信息采集工作；

（3）负责综合监测斑块调查数据更新的信息采集工作；

（4）负责市县级监测信息管理和服务工作。

## 三、组织机构之间的关系

全国综合监测体系各组织机构之间不是相互独立的，而是存在着密不可分的有机联系。这种相互关系主要包括行政隶属关系、业务指导关系和协作交流关系3类（图7-2）。

## （一）监测机构之间的关系

各级监测机构之间主要是业务指导关系，下级监测机构接受上一级监测机构的业务指导。为了提高整体协同性，保障综合监测技术标准和方法的统一，为信息共享奠定基础，需要强化从中央到地方各级监测机构的垂直联系，鼓励同级监测机构之间的协作与交流。

### 1.国家中心与区域中心之间的关系

国家综合监测中心和区域综合监测中心共同组成国家级监测机构，是同属国家林业局直接领导的事业单位，不具有行政管理职能，但国家综合监测中心对区域综合监测中心具有业务指导的职能。

### 2.国家级监测机构与省、市县监测机构之间的关系

国家综合监测中心和区域综合监测中心与省级综合监测中心、市县级综合监测站之间的关系也是业务指导的关系，主要是通过技术规定、质量管理办法及在项目实施过程中进行技术指导和质量检查监督，开展业务指导工作。

## （二）监测机构的行政隶属关系

国家综合监测中心和区域综合监测中心是国家林业局直属的司局级事业单位，与国家林业局各司（局、办）是协作关系。国家综合监测中心和区域综合监测中心根据各司（局、办）的需要，开展监测工作和提供信息服务。省级、市县级监测机构的行政隶属关系分别为相应的省、市县林业行政主管部门。

## （三）监测机构与教学科研等单位的关系

国家综合监测中心、区域综合监测中心、省级综合监测中心和市县级综合监测站与教学、科研单位，以及其他行业监测机构的关系，均为协作交流关系。是通过监测项目的实施、相关技术研究，以及信息有偿服务等建立一种相互协作与交流的关系。一般可采取协议方式明确双方各自承担的责任和义务，项目实施完成协作关系即行终止。

# 第三节　综合监测体系的技术框架

自新中国成立以来，我国先后开展了森林资源监测和多项其他林业监测工作，包括国家森林资源连续清查（一类调查）、森林资源规划设计调查（二类调查）、荒漠化沙化与石漠化监测、湿地资源监测、野生动植物资源监测、森林生态定位监测、森林火灾监测、森林病虫鼠害监测和森林资源管理专项监测等。尽管监测项目众多，但按调查方法可分为样地调查、斑块调查、定位观测和其他专项调查4种；从监测对象看，主要涉及森林生态系统、湿地生态系统、荒漠生态系统及其他相关生态系统等4类。

综合监测体系建设将打破现行各项监测自成体系的局面，在资金设备、基础资料（如遥感数据、地理信息数据）共享的前提下，通过对技术标准、监测周期、调查方法的整合，由各级监测机构统筹实施，实现监测信息共享和对森林资源与生态状况的综合评价，为生态建设和林业发展以及各层次用户提供决策支持与信息服务。

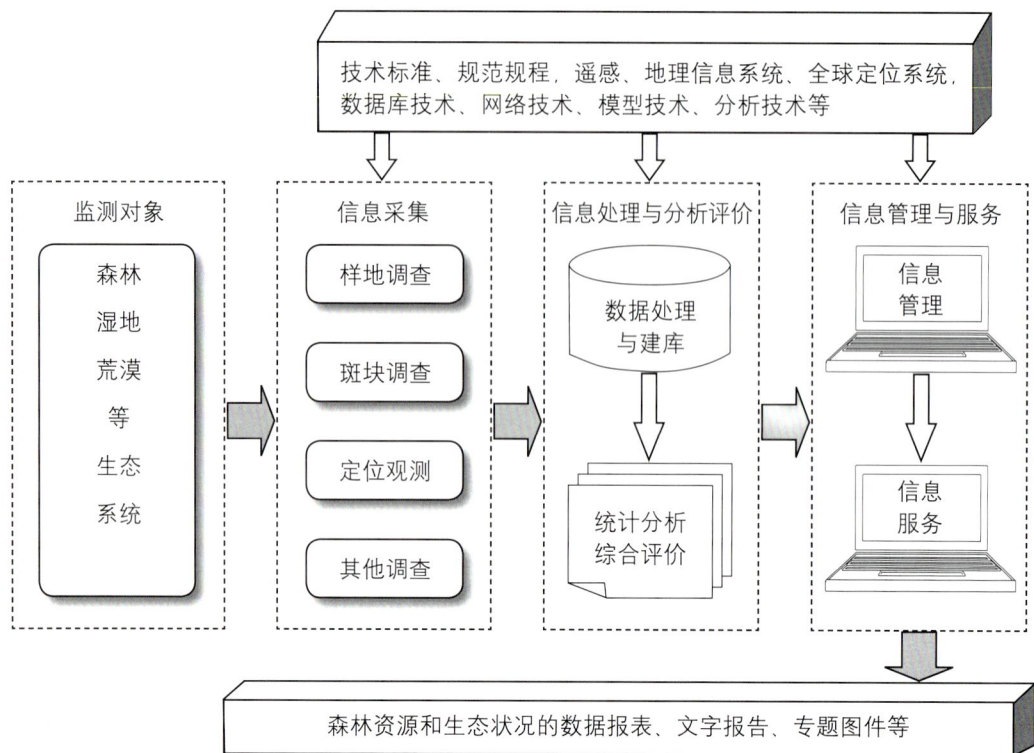

**图7-3　全国综合监测体系的技术框架**

在综合监测技术体系的信息采集、信息处理与分析评价、信息管理与服务3个环节中，都涉及技术标准的规范化问题。因此，开展综合监测工作，首先必须对现行森林资源监测、湿地资源监测和荒漠化沙化与石漠化土地监测等有关规程、规范的技术标准和调查方法进行系统研究，制定森林资源和生态状况综合监测的技术规程，统一相关的技术标准，为综合监测工作的标准化和规范化奠定良好的基础。

建成后的综合监测技术体系，既要实现现有各专项监测体系的功能，又要保证各项监测结果之间的协调性，并提供生态状况的综合评价信息，客观反映生态系统的完整性。第一，在信息采集方面，根据不同层次的信息需求，以及各监测对象的特性，充分应用遥感、全球定位系统等先进技术手段，采用样地调查、斑块调查、定位观测和其他专项调查相结合的方法来系统采集信息。第二，在信息处理与分析评价方面，按有关要求对采集数据进行标准化和规范化处理，建立基础数据库；各级监测机构通过网络获得所需各类基础数据，整合形成综合数据库，再根据不同层次的信息需求分别形成多种分类汇总数据库，并运用模型技术、分析技术等先进技术方法和手段，开展有关数据统计、分析和评价工作。第三，在信息管理与服务方面，采用网络技术和地理信息系统技术，以网络为平台，按照分级管理方式，根据服务对象的信息需求和信息处理环节得到的统计、分析、评价信息，形成各类数据报表、文字报告和专题图件成果，为不同层次的用户提供全面、准确、及时、高效、灵敏的信息服务（图7-3）。

## 一、信息采集

不同层次、不同部门的用户对森林资源和生态状况有不同特点的信息需求，如宏观决策更偏重于较大范围的现状与动态变化信息，而林业经营管理和生态治理工作则偏重于落实到山头地块的空间分布信息。森林资源和生态状况综合监测的信息采集工作，将根据监测对象及其信息需求的不同特点，综合采用样地调查、斑块调查、定位监测和其他专项调查4类调查方法，从不同途径获取不同特性的信息。综合监测的样地调查主要是整体监测，用以获取较大范围的宏观抽样统计信息；斑块调查主要是局部监测，用以获取落实到山头地块的微观区划调查信息和宏观统计汇总信息；定位观测主要是过程监测，用来获取生态系统的变化过程与机理信息；其他专项调查主要是补充监测，用来获取其他方面所需不同特性的信息（图7-4）。

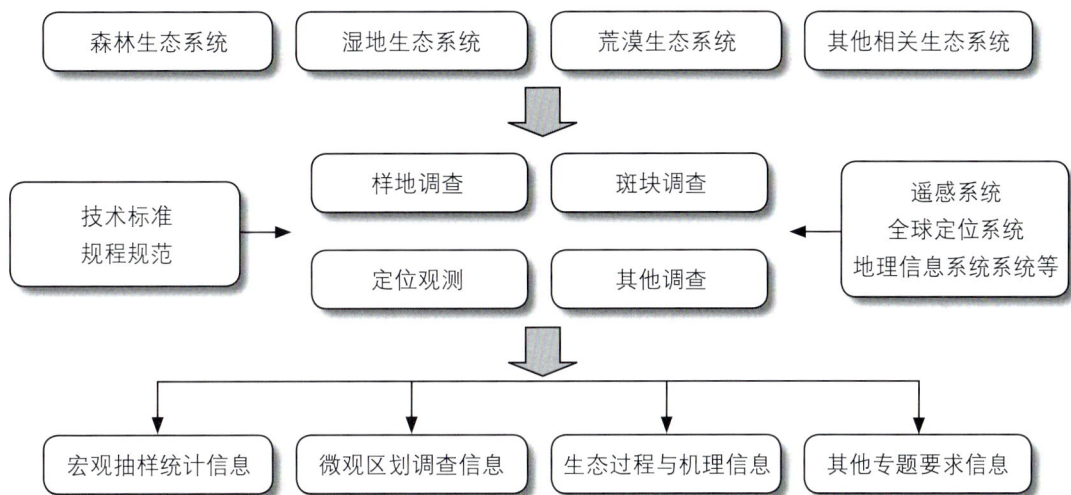

**图7-4 综合监测体系信息采集流程**

## （一）样地调查

样地调查是以一定区域为总体范围，按照抽样精度要求系统布设一定数量的样地，通过对这些样地进行定期复查，得到监测总体范围内森林资源和生态状况的现状与动态变化信息的调查方法。现有各项监测体系中，国家森林资源连续清查是以省（自治区、直辖市）为抽样总体、采用固定样地进行定期复查的体系。经过30年多的运行，该体系在技术上、规模上和组织管理方面均达到了国际先进水平。因此，综合监测体系的样地调查，原则上应以国家森林资源连续清查的固定样地抽样框架为基础。样地调查产出的抽样统计信息偏重于满足宏观（国家级、省级）管理与决策需要，以及国际和社会公众的信息需求。

### 1. 抽样设计

综合监测体系样地调查的抽样设计，可先沿用国家森林资源连续清查以省（自治区、直辖市）为总体的固定样地抽样框架，这样可保证各监测对象按省级和国家级以5年为周期产出监测成果。由于目前是采用每年完成若干省（自治区、直辖市）、5年完成全国的方式进行复查，既影响数据的时效性，又难以获取年度资源数据，因此还应研究提高时效性的抽样设计方案。为了解决市、县级资源监测的问题，可在现行抽样框架基础上加密设置样地，以满足地方资源监测不同层次的时空信息需求。

样地复查是动态变化信息产出的基础，可分为全部样地复查、部分样地复查和临时样地调查3种类型。全部样地复查需要对所有的样地和样木设置固定标志，以便下期调查时能够对样地、样木因子进行复测，通过前后期样地、样木调查数据的一一对比，产出高精度的动态变化信息；部分样地复查也可产出动态变化信息，但由于有部分样地被临时样地替换，对动态变化信息的精度有一定的损失，而且通过多期复查后计算过程将变得十分复杂；临时样地调查是指不进行样地复查而每次都重新设置样地进行调查，一般对动态变化的估计效率很低。

综合监测的样地调查应尽可能采用全部样地复查的方法，但需注意防止样地遭受人为特殊对待。如果按正常森林经营或人为活动需要进行采伐的林分，因为其中有固定样地而得以保护，或有意识地在非有林地的样地内及周围局部范围进行人工造林，就会导致监测结果失真，从而对监测体系造成破坏性影响。

**2. 样地设计**

样地设计从类型上讲有方形样地、圆形样地、角规样地、截距样地之分；从抽样单元的样地数量上讲有单个样地、群团样地和复合样地之分。应根据监测对象的特性，合理设计不同类型的样地以提高抽样估计效率。国家森林资源连续清查的样地基本上采用了0.0667～0.08公顷的方形样地，综合监测体系的样地设计可在保持连续性的前提下作适当改进，具体改进方案应统筹考虑信息采集特点、监测精度要求和固定样地数量。

**3. 调查方法**

样地调查原则上采用地面调查与遥感判读相结合的方法。地面样地调查是综合监测必不可少的调查手段，改善野外调查条件和应用先进的调查技术是样地调查的主要发展方向。遥感、全球定位仪、数据采集器、高精度手持罗盘仪、超声波（或红外线）测距仪、激光测高器、叶面积测定仪等先进调查工具和新技术的应用，是提高综合监测信息采集水平的关键，也是提高测量精度、减少野外调查劳动强度和提高工作效率的重要手段。全球定位仪和数据采集器在近期已逐步得到推广应用，减少了大量的野外调查工作量，取得了很好的应用效果；遥感技术的推广应用，增加了资源监测的空间分布信息，对实现清查范围的全覆盖调查也起到了重要作用。

除了在野外直接调查或利用遥感影像判读之外，部分调查因子如土壤养分、土壤污染、有害物质含量等，需要通过实验室进行分析和测定。因此，必须添置气相色谱仪、元素分析仪、热量测定仪等相关的仪器设备，建立森林生态监测实验室。

**4. 调查周期**

调查周期的确定应考虑监测对象的特性、信息需求和经济承受能力等方面的因素。国家森林资源连续清查每年完成1/5的省，全国每5年进行一次汇总，其调查周期为5年；全国荒漠化、沙化、石漠化监测和湿地资源监测，其调查周期也都是5年。因此，全国综合监测体系的样地调查，采用5年的周期是比较合适的。

**5. 调查内容**

由于样地调查在监测内容方面具有较强的可扩充性，大部分信息都可以通过样地调查获得。样地调查信息将是满足不同层次信息需求的主要来源。

（1）地理和土壤因素主要内容包括：地理位置，地形地貌，海拔，坡度、坡向、坡位，土壤类型（名称），土壤厚度，腐殖质厚度，枯枝落叶厚度，土壤物理性状（质地、结构、密度、持水量、孔隙度），土壤化学性状（pH值、有机质、氮、磷、钾、重金属污染、微量元素、阳离子交换量）等。

（2）林地林木资源监测内容：林地面积、森林面积、森林覆盖率、林木总蓄积、蓄积增长量、林木生长量、林木消耗量、木材及其他林产品的种类与数量、林种结构、树种结构、林龄结构、径级结构、起源结构、权属结构、林地生产力等。

森林生态功能监测内容：森林生物量、森林碳储量、林地水土流失量、林地大气污染状况、生物入侵危害状况、生物多样性、森林自然度、森林健康、森林生态功能等。

野生动植物资源监测内容：野生动物栖息地类型、数量及分布，野生植物群落类型、数量及分布等。

其他专项监测内容：火灾面积、病虫害等级及种类、公益林事权等级、公益林保护等级、商品林经营等级、森林类别、工程类别、流域、林区、气候带、林木采伐类型、采伐强度、可及度、森林抚育强度、经营集约度、保护措施等。

(3) 湿地资源主要内容包括：湿地类型、湿地保护等级、湿地生物胁迫因子、湿地保护利用和受威胁状况等。

(4) 荒漠化、沙化与石漠化土地主要内容包括：荒漠化土地类型、荒漠化程度、沙化土地类型、沙化程度，石漠化土地类型、石漠化程度，荒漠化、沙化和石漠化治理措施等。

### 6. 调查特点

(1) 调查工作量小，调查效率高。样地调查是一种概率抽样调查，抽取的样本单元数（样地数）占总体单元数的比例非常小，抽样强度一般还不到万分之一。它是获取一定区域范围森林资源和生态状况及其动态变化信息最高效的调查方法，因而也是最常用的方法。

(2) 一般以总体为单位产出数据样地调查只限在样地范围内进行各种调查，是以样本估计总体的抽样调查方法，所以只能以总体为单位产出抽样估计数据，不能将估计值落实到山头地块。抽样调查的精度需要有一定的样地数作保证，一般不能进行多次或多级细分，样地数量过少会使估计精度达不到理想的要求而产生较大的偏差。所以将一个总体的样地分解成若干个次级总体进行统计时，要慎重考虑分解后参加各次级总体统计的样地数量和估计精度。

(3) 总体估计数据具有一定的抽样精度衡量估计数据的客观真实性，有抽样精度和准确度两个指标。抽样精度的高低由误差大小来体现，它取决于估计指标的变动系数、抽样方式和样地数量等因素，一般在抽样设计时要对估计指标的抽样精度作出明确规定；准确度的高低由偏差来体现，它取决于测量方法、测量仪器，以及调查员素质和认真程度等因素，通常难以进行定量评估，主要通过排除各种可能造成偏差的因素来提高样地调查的质量。样地调查以总体为单位产出抽样统计数据，只要样地数量有保证，就能达到预定的抽样精度。

(4) 能产出较高精度的动态变化数据样地调查方法。能够提供总体动态变化数据的关键是采用固定样地调查。固定样地调查通过对样地和样木的固定与复测，形成两期或多期一一对应的数据，从而能统计产出较高精度的动态变化数据。

## （二）斑块调查

斑块调查是以遥感影像图和地形图为基础信息，对某一监测范围内的森林资源和生态状况，按照主要调查因子区划成不同类型的斑块，并调查各斑块的森林资源或生态状况属性，产出森林资源和生态状况局部微观信息的调查方法。斑块调查包括斑块区划和属性调查两部分内容。我国现行体系中的森林资源规划设计调查、荒漠化、沙化与石漠化土地监测、湿地资源调查，都采用了斑块调查方法。综合监测体系的斑块调查，原则上应以森林资源规划设计调查为基础进行整合，综合考虑湿地资源监测和荒漠化、沙化与石漠化土地监测的内容。它将森林资源、湿地资源，以及荒漠化、沙化与石漠化土地等监测内容落实到山头地块，客观反映监测范围内的森林资源经营管理和生态治理状况，为各级地方政府和有关部门编制森林资源保护与发展规划，开展森林资源经营管理活动，制定生态治理措施，保护、改良和合理利用国土资源提供基础信息。

**1. 调查方法**

(1) 斑块区划是以遥感影像图和地形图为基础信息，根据森林资源、湿地资源、石漠化、沙化与荒漠化土地的现实分布情况，按照各类主要调查指标综合区划成不同类型斑块的过程。斑块区划界线和各类规划的区划界线与行政界线，以及地形地貌的点、线、面界线等的集合，构成了斑块区划系统的基础信息。这些界线可分为两大类：第一类是由调查员现地（或在遥感影像图上）划定的界线，这类界线只有斑块区划界线；第二类是调查前已经确定的、调查员不可随意改动的界线，包括各级行政界线、基础地理界线、林业规划界线、分类经营界线、土地权属界线、林班界线和土壤类型分布界线等。开展斑块调查时，第二类界线原则上应利用已有的各种区划结果，只对发生了变化的部分进行修正；第一类界线是斑块区划的重点，它由调查员按照斑块划分条件，根据森林资源和生态状况的分布特性进行区划。斑块划分的条件，应综合考虑森林资源、湿地资源、荒漠化、沙化与石漠化土地的有关调查要求，使划分的斑块能同时满足不同监测对象信息采集的需要。

(2) 属性调查是在斑块区划的基础上对斑块的各类属性进行调查，调查方法包括实测、目测或遥感判读。定量调查因子如土层厚度、平均胸径、平均树高、单位面积林木蓄积等，一般应采用测量工具进行实测；定性调查因子如优势树种、群落结构、森林健康度、荒漠化土地类型、荒漠化程度等，一般采用目测方法进行调查；对于交通不便或人力难以到达的区域，一般采用遥感判读的方法。

**2. 调查内容**

(1) 地理和土壤因素

主要内容包括：地理位置，地形地貌，海拔，坡度，坡向，坡位，土壤类型（名称），土壤厚度，腐殖质厚度，枯枝落叶厚度等。

(2) 森林资源

主要内容包括：地类、植被类型、林木权属、工程类别、起源、公益林事权等级、公益林保护等级、商品林经营等级、优势树种(组)、树种组成、龄组、平均胸径、平均树高、林层结构、群落结构、郁闭度、自然度、森林健康度、天然更新、下木覆盖度、林木蓄积等。

(3) 湿地资源

主要内容包括：湿地类型、湿地名称、湿地生境、湿地植被类型、起源、重要植物区系、土地使用权、所有权、保护状况等。

(4) 荒漠化、沙化与石漠化土地

主要内容包括：荒漠化土地类型和等级，沙化土地类型和等级，石漠化土地类型和等级、人为活动、治理措施等。

**3. 调查周期**

综合考虑森林资源、湿地资源、荒漠化、沙化与石漠化土地的监测要求，斑块调查的周期原则上应确定为5年。在实施过程中还可根据监测对象和调查区域的不同，对调查周期作适当调整。如森林资源调查，可每10年进行一次全面调查，5年进行补充调查；荒漠化、沙化与石漠化重点治理地区可根据需要缩短调查周期。此外，在一个周期之内，还应考虑数据的年度更新问题，具体要求可根据当地的社会经济条件和资源变化程度确定。

**4. 调查特点**

(1) 能提供落实到山头地块的局部微观信息。由于斑块调查方法以斑块区划为基础，提供的信息包括了多层次的统计数据和点、线、面等空间分布信息，能够将森林资源、湿地资源、荒漠化沙化与石漠化土地的调查数据落实到山头地块，从而可以提供任何一个斑块的森林资源和生态状况信息。

(2) 提供的信息可以进行多级统计汇总或细分。斑块调查的基本单位是斑块，斑块以上的各级都可以采用累加的方法进行统计。统计结果的精度与参加统计斑块的个数关系不大，而与各斑块的调查允许误差直接相关。由于各斑块的调查允许误差是基本相同的，因此斑块区划调查结果可以进行不同范围和不同层次的统计，也可以对总体统计结果进行多层次或多级细分。

(3) 调查工作量大，调查成本高。斑块调查需要对某一监测范围内的全部土地面积进行斑块区划和属性调查，基本类似于全面调查，因此其调查工作量大，调查成本也大大高于样地调查。但它是获取落实到山头地块详细信息的常规调查方法，产出的信息主要为林业经营管理服务。

## （三）定位观测

定位观测是获得全球变化与陆地生态系统功能、作用、过程和机理等信息的重要手段。通过对主要陆地生态系统类型的长期观测，研究生态系统对生态环境影响的物理、化学和生物学过程，定量分析不同时空尺度上生态过程演变、转换与耦合机制，不仅可以揭示不同时期生态系统及环境要素的变化规律及其动因，阐明全球变化对主要陆地生态系统类型的影响，揭示不同区域生态系统对全球变化的作用及响应，建立主要陆地生态系统类型服务功能及其价值评价、生态环境质量评价、预警、调控和健康诊断指标体系及其基础信息数据库，而且对全球性资源保护与生态建设具有重大意义。

### 1. 总体布局

林业部门通过"七五"、"八五"、"九五"和"十五"国家科技攻关项目及林业生态工程建设项目，分别在三北、长江、黄河、沿海和太行山等林业生态工程区建立了30多个定位观测点，在荒漠化地区、重要的湿地以及三峡库区建立了多个生态定位观测站，监测森林的生态功能和环境效益，开展植被、土壤、大气、水文等多方面的系统观测。这些不同类型的观测站构成了我国林业生态环境效益监测网络的主体，形成了从沿海到内地，从平原林网到山地森林，从内陆湿地到干旱荒漠化地区的陆地生态系统观测网络体系。目前中国森林生态系统定位研究网络（CFERN）已基本形成横跨30个纬度、以典型区域为特征的全国性观测研究网络。但森林生态系统台站数量仍相对较少，空间分布不尽合理；湿地和荒漠化监测还处于建设的初期阶段，尚需逐步扩大监测站点及大幅度提高定位观测站的监测能力。

我国要建立全国性、区域性、专题性和综合性等不同性质的陆地生态系统定位观测研究站，台站的数量要达到100个左右。生态定位站的布局，要按我国自然植被地理分区，划分为热带季雨林、雨林区、亚热带常绿阔叶林区、暖温带落叶阔叶林区、温带针阔混交林区、寒温带针叶林区、温带草原区、温带荒漠区和青藏高原高寒植被区。在每个自然植被地理分区的层面下，再按重点林区或典型生态区以及特殊地域相结合的原则划分亚区，每个亚区建设一个生态定位观测站，要包括所有森林、湿地、荒漠化、沙化与石漠化生态系统类型，区域范围要涵盖不同地域和气候带，整体上达到系统化、网络化的水平。

### 2. 调查内容

(1) 森林生态系统包括生态环境影响的物理、化学和生物学过程，生态过程演变、转换与耦合机制；物质循环（养分、水、碳循环）、能量传输途径及能量平衡、森林与区域气候的相互作用、森林水文效益、天然林的生态系统经营和退化天然林恢复与重建及其变化趋势；生态环境质量、调控和健康；森林结构、功能、生产力及生态变化和动态演替等。

（2）湿地生态系统包括湿地生态特征（动植物栖息地和植被类型）及其变化；水文水质状况及其变化；湿地功能效益及其变化；湿地保护和管理状况；湿地生态系统的威胁因子等。

（3）荒漠化、沙化与石漠化生态系统包括荒漠化、沙化与石漠化土地的物理、化学和生物特性；影响并导致荒漠化、沙化与石漠化发生的自然和人为驱动因素；荒漠化、沙化与石漠化对于人类及其赖以生存的社会经济环境和生态环境带来的影响；荒漠化、沙化与石漠化治理措施及其效果等。

### 3. 调查方法

定位观测方法以台站观测为主，对植被、土壤、大气、水文等多方面因子进行长期的系统的观察和测定。同时结合定位观测，综合采用模拟实验、对比分析等方法开展信息采集工作。

### 4. 调查特点

（1）长期性。生态定位观测是为了揭示生态系统演替的发生发展规律及各种作用机理，而生态系统的演替是一个漫长的过程，从而必须对相关生态系统各项因子进行长期的定位观测。到目前为止，国际上观测时间最长的定位站已有一百多年的历史，我国湿地和旱地生态系统观测的一些骨干台站也已经有了10多年的时间，个别条件较好的台站已经有了30多年的历史。

（2）综合性。为了研究生态系统的结构、功能及其作用机理，生态定位站的观测信息内容十分丰富，包括对整个生态系统内各项相关因子的全面监测。而且信息的提供从一个监测站发展到全国范围的生态系统监测网络，如中国森林生态系统定位研究网络（CFERN）和中国生态系统研究网络（CERN）；甚至发展到建立全球性的生态系统监测网络，如联合国粮食与农业组织的全球陆地观测系统（GTOS）。

（3）局限性。由于生态系统类型多样，生态系统定位观测站建设与运行费用昂贵，对专业知识要求较高等原因，要对所有的生态系统进行全面的长期定位观测是困难的，台站数量的设置也受到一定限制。另外，生态定位观测只能获取这些生态系统类型的定点信息，不能由此而推算出更大范围的整体信息。

## （四）其他专项调查

专项调查是根据特定的信息需求，采用样方（样线）调查、典型调查、社会调查、专题考察等多种调查方法，对野生动植物资源、森林火灾损失、森林病虫鼠害、森林资源经营管理状况、林业社会经济状况等开展的各种调查。专项调查提供的信息，既满足某些特定的需要，也是样地调查、斑块调查和定位监测信息的补充。通过开展各类专项调查，为国家宏观战略决策、经营管理措施落实、资源保护利用监督，以及履行国际公约或协定，加强国际交流与合作等提供信息服务。

### 1. 调查内容

（1）野生动植物资源

内容主要包括：野生动植物（国家重点保护野生动植物、《濒危野生动植物种国际贸易公约》及其他公约或协定中的所有物种、有重要经济价值的物种、有重要科研价值的物种、环境指示种和生态关键种）的数量、分布，以及生境状况、利用状况、管理与研究状况、影响资源变动的主要因子的现状及动态变化等。

（2）森林火灾损失

内容主要包括：森林火灾等级，损失面积、蓄积、树种、林种、森林土壤、森林更新、森林经营条件，以及火灾的位置分布等。

(3) 森林病虫鼠害

内容主要包括：森林病虫鼠害危害程度、病虫害种类，成灾的面积、蓄积、树种、林种、森林更新、森林经营条件，以及成灾的位置分布等。

(4) 森林资源经营管理状况

涉及营造林实绩综合核查、采伐限额执行情况检查、征占用林地检查和国家重点公益林区划认定与管护情况核查等项工作。调查的内容包括：

营造林实绩综合核查。人工造林（更新）的核实面积、成活率、保存率，飞播造林的出苗、成效情况，封山育林实绩、成效情况，以及各项管理类指标等。

采伐限额执行情况检查。年度森林采伐限额指标、木材生产计划的管理和执行情况，林木采伐管理情况，发证率、发证合格率、伐区凭证采伐率等。

征占用林地检查。林地组织管理和队伍建设情况，林地保护管理法规、制度建立情况，占用征用林地审核（批）制度执行情况，以及林地管理其他方面的情况。

国家重点公益林区划认定与管护情况核查。国家重点公益林区划界定面积、认定面积、补偿面积、合格面积及其变化情况，管护工作情况，补偿基金落实情况等。

(5) 林业社会经济状况等

内容主要包括：林业产业总产值、营林生产、工程建设、林产工业、林业固定资产、林业科教文卫、林业从业人员等林业社会经济统计指标，以及气候、水文、环境影响等其他因子。

**2. 调查方法**

专项调查的数据采集方法需根据调查对象的特性和信息需求的特点而确定，可采用样方（样线）调查、小班调查、典型调查、社会调查、专题考察等多种调查方法，也可以同时采用几种方法采集信息。

野生动植物资源：一般采用样线调查、专题考察相结合的方法；

森林火灾损失：采用小班调查、样方（样线）调查、典型调查相结合的方法；

森林病虫鼠害：采用小班调查、样方（样线）调查、典型调查相结合的方法；

森林资源经营管理状况：综合采用小班调查、样方（样线）调查、典型调查、社会调查等多种方法；

林业社会经济状况：一般采用社会调查方法，如问卷调查法。

**3. 调查特点**

(1) 采集的信息具有针对性专项调查是针对某一特定监测对象的信息需求特点而开展的专题调查，因此信息的采集非常具有针对性，一般是样地调查和斑块调查方法难以做到的。如对于陆生和水生野生动物的监测，因为野生动物的流动性比较大，只采用样线调查难以满足要求，必须结合专题考察等方法才能获取较全面的野生动物信息。

(2) 提供的信息具有多样性专项调查的内容是多方面的，包括野生动植物资源、森林火灾损失、森林病虫鼠害、森林资源经营管理状况、林业社会经济状况等多项调查。由于监测对象特性和信息需求特点的不同，必须采用不同的调查方法。调查的时间和周期也具有特殊性，难以作出统一的规定。

(3) 信息采集要求具有时效性专项调查提供的信息要求具有很强的时效性。如营造林实绩综合核查、采伐限额执行情况检查、征占用林地检查、森林火灾损失调查、森林病虫鼠害调查

表7-1　不同调查方法对比分析表

| 方法 | 调查内容 | 调查特点 | 调查目的 |
|---|---|---|---|
| 样地调查 | 地理和土壤因素，森林资源（含林地林木资源、野生动植物资源等），湿地资源，荒漠化、沙化与石漠化土地 | 工作量小效率高，产出总体统计数据，具有一定抽样精度 | 主要获取宏观抽样统计信息 |
| 斑块调查 | 地理和土壤因素，森林资源，湿地资源，荒漠化、沙化与石漠化土地 | 工作量大成本高，提供局部微观信息，可进行多级汇总分析 | 主要获取微观信息，也可同时汇总得到宏观信息 |
| 定位观测 | 森林生态系统，湿地生态系统，荒漠化、沙化和石漠化生态系统 | 长期性、综合性、局限性 | 主要获取生态系统变化过程和机理信息 |
| 其他专项调查 | 野生动植物资源，森林火灾，森林病虫鼠害，森林资源经营管理状况，林业社会经济状况 | 针对性、多样性、时效性 | 主要获取专题需求等特定信息和其他信息 |

必须在当年或次年进行。这些调查如果也按照5年或10年的间隔期进行，调查的数据将失去现实指导意义。

不同调查方法的对比情况见表7-1。

## 二、信息处理与分析评价

信息管理平台建设是综合监测体系建设的重要内容，而信息处理与分析评价是信息管理平台建设的基础和重要组成部分。它综合运用数据库技术、模型技术、分析技术、网络技术等技术手段，集成森林资源和生态状况各类监测信息，建立统一的信息管理基础平台，进行集中管理，有效保证数据的集成性、完整性、一致性，实现信息共享，提高森林资源和生态状况综合分析与评价能力，为满足全国生态建设和林业发展等各层次信息需求提供技术保障。信息处理与分析评价流程见图7-5。

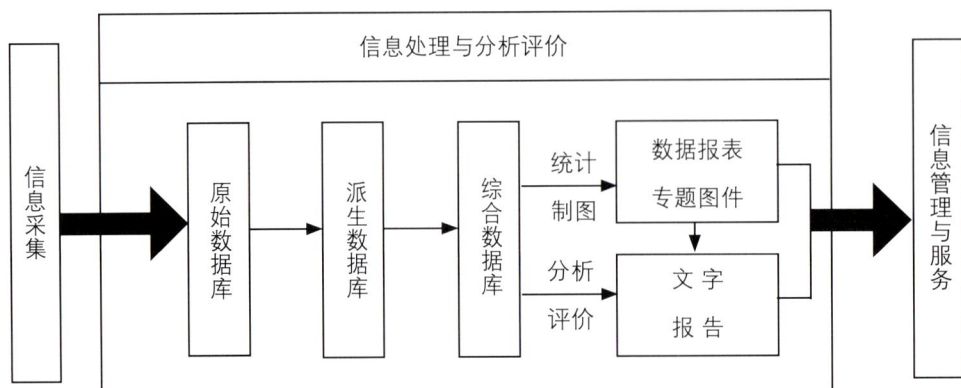

图7-5　综合监测体系信息处理与分析评价流程

## （一）数据处理与建库

数据库建设是集成森林资源和生态状况各类监测信息，建立综合监测基础信息平台的核心。针对综合监测体系涉及的信息量巨大、信息类型复杂、服务部门和层次多等特点，根据体系建设的总体要求，在"集中式管理、分布式运作"理念的指导下，采用网络技术和分布式数据库技术，建立综合监测体系的原始数据库、派生数据库和综合数据库，以保证综合监测体系数据的整体性、扩充性、安全性和共享性。在数据建库之前，必须对采集的各类数据进行检查，并按有关技术要求进行标准化和规范化处理。

### 1. 分布式数据库和数据仓库的特点

分布式数据库系统是具有管理分布式数据库功能的计算机技术系统。它是在集中式数据库系统的基础上发展起来的，是数据库技术与计算机网络技术有机结合的产物。一个分布式数据库是由分布于计算机网络上的多个逻辑相关的数据库组成的集合，网络中的各个站点具有独立处理数据的能力，可执行局部操作（包括查询、提取、统计、分析、数据更新等）；同时，每个站点也能通过网络执行全局操作。对于授权的用户，可以通过网络查询权限范围内的所有数据，如同权限范围内的数据都在本地计算机内一样的高效和可靠。分布式数据库可将原始数据库分布在多个不同的区域或站点，当某一数据库和网络发生故障时，不会影响其他数据库和网络的使用，可提高系统的可靠性。

采用分布式数据库管理模式建立监测原始数据库，和现行数据管理模式相比具有以下优越性：一是各监测机构可以独立处理各自管理范围内的数据；二是各监测机构之间互连互通，可以查询所有监测机构的数据；三是系统具有很强的可扩充性；四是具有位置独立性，用户不必知道数据的物理存储地，但使用时如同数据在本地；五是分片独立性，分布式数据库系统可将给定的关系分成若干块或片，以提高系统的处理性能和运行速度；六是支持分布式查询处理，包括局部查询、远程查询和全局查询。

数据仓库（data warehouse）是一个面向主题的、集成的、相对稳定的、反映历史变化的数据集合，用于支持管理决策。为了特定的应用目的或应用范围而从数据仓库中独立出来的一部分数据，称为数据集市（data marts），也可称为部门数据或主题数据（subject area）。在数据仓库的实施过程中往往可以从一个部门的数据集市着手，以后再用几个数据集市组成一个完整的数据仓库。数据仓库的管理模式既不同于集中式数据库，更不同于常规数据库，它具有以下特点：一是数据仓库用于支持决策，面向分析型数据处理，它不同于现有的操作型数据库；二是数据仓库是对多个异构的数据源有效集成，集成后按照主题进行了重组；三是数据仓库集成了历史数据，存放在数据仓库中的数据一般不再修改；四是数据仓库支持多维数据管理和分析，有利于进行数据的深度挖掘和分析。总之，采用数据仓库技术建立监测综合数据库，有利于森林资源和生态状况监测信息的集中管理、综合分析和评价，符合当前林业和生态建设的需要及信息技术的发展方向。

### 2. 各类数据库的建立

(1) 原始数据库是综合监测体系基础数据库。原始数据库的建立，不仅要能全面存储不同调查方法采集的原始数据，而且要能吸收和容纳多年积累下来的珍贵的历史数据，因此数据容量十分巨大。为了减轻国家综合监测中心数据管理的压力，充分发挥区域监测中心和省级监测中心的技术优势，根据分布式数据库管理模式的特点，在区域监测中心和省级监测中心，分级建立综合监测体系的原始数据库，包括空间数据库和属性数据库两类。在逻辑上，对用户而言，分布式数据库是一个整体，实行集中式管理，即由国家综合监测中心对各区域监测中心或

Research on Integrated Monitoring Forest Resources and Ecological Status in China

省级监测中心的数据进行集中管理，具体包括用户授权、数据查询、汇总分析、成果发布等管理内容；而在物理上，各区域监测中心或省级监测中心的数据库分别在本地建立，实行分布式运作，即根据业务分工和协作关系，区域监测中心和省级监测中心分别对各自建立的原始数据库进行日常的更新和维护。

在综合监测体系原始数据库的建立过程中，应针对不同的信息采集方式，分别采用统一的数据项标准、信息分类编码标准和数据接口标准，省、市县级原始数据库可在相同的编码规则下进行适当扩充。在数据库类型上，国家级和省级数据库应在网际互联的支持下，采用分布式数据库的形式建立；市县级原始数据库可根据情况，选择合适的数据库类型进行建库，依据相关数据接口标准与省级数据库进行对接。

(2) 派生数据库是在对原始数据库进行适当的分析、运算和预处理之后，产生的中间结果数据库。派生数据库的数据源可分为两类：一是由综合监测信息管理平台依据相关的数据处理和数据挖掘规范自动产生的；二是对现行有关中间结果进行转换、运算之后产生的。例如，现行"国家森林资源连续清查综合管理信息系统"中的模拟数据库和生长消耗中间结果数据库，就属于派生数据库的第二类数据源。

派生数据库是采用信息化手段对综合监测体系的各类原始数据进行整合的产物，是对基础信息进行进一步提炼和分析的结果。派生数据库的建立，可以为综合监测体系的信息服务提供真正意义上的基础平台，有效保证信息服务的协调一致；可以丰富产出信息的内容，为提高综合监测体系的综合评价能力奠定基础；可大幅度提高信息共享能力，更好地满足不同层次的信息需求。

(3) 综合数据库是在派生数据库的基础上，针对服务对象的需要，根据不同层次（国际合作与交流、国家宏观决策、生态建设与林业发展、相关行业及社会公众等）、不同对象（森林资源、湿地资源、荒漠化、沙化与石漠化土地等）、不同范围（国家、省、市县）的信息需求，经过整合集成而形成的综合数据集。综合数据库应首先在区域监测中心建立，所用数据源来自于各省的森林资源和生态状况派生数据库和原始数据库。各区域监测中心或省级监测中心采用数据仓库技术，通过数据抽取、净化、转换、概化等方式，建立综合数据仓库或专题数据集市。国家监测中心则在各区域监测中心或省级监测中心综合数据库的基础上进一步综合集成，建立更高层次的综合数据库，为决策分析和综合评价提供基础依据。

综合监测体系的原始数据库是整个数据库系统的基础，综合数据库是核心。从原始数据库、派生数据库到综合数据库的过程，既是数据量递减、信息量递增的过程，也是从技术层面逐步向决策和服务层面转变的过程。由原始数据库产生派生数据库，再在派生数据库的基础上建立综合数据库，可以有效保证各类成果数据之间的一致性和协调性，避免出现数出多门、互不关联，甚至相互矛盾的现象，使各类成果数据之间以及汇总数据内部环环相扣、相互佐证，从而提升综合监测信息的准确性、可靠性和权威性。

### 3. 关于数据更新

综合监测体系的数据更新是解决数据时效性的有效措施之一，包括样地调查数据更新和斑块调查数据更新两个方面。

样地调查的数据更新是解决样地调查统计数据时效性的关键，是及时提供能满足国家宏观决策、绿色GDP核算、森林生态效益评价所需的森林资源和生态状况现状及动态变化信息的重要手段。因我国开展这方面的工作较少，目前尚无成熟的方法。积极开展相关研究，努力探索适合我国国情的森林资源和生态状况数据更新方法，对解决综合监测体系的数据时效性问题具有十分重要的现实意义。

　　斑块调查的数据更新主要是为了满足林业经营管理的信息需要。它分为两种情况：一是有相关信息支持，主要包括林木采伐、林地征占、更新造林、森林火灾损失调查等有关记录和图面材料，对于这些斑块应该利用上述信息对原有的空间数据库和属性数据库进行更新；二是无任何信息支持，这些斑块必须通过补充调查并结合利用模型技术进行数据更新。

## （二）统计分析

　　综合监测体系的统计分析是指运用数理统计理论和各种分析方法以及与森林资源和生态状况综合监测有关的知识，通过定量与定性相结合的方法进行的统计和分析活动。统计分析是继数据采集、数据处理、数据建库、数据更新之后，通过统计、分析、模拟等技术手段挖掘获取更丰富、更全面、更深层次信息的重要技术环节，从而为综合监测体系的有关评价和信息服务提供依据。综合监测体系的数据统计方法需视监测的具体技术方法而定，如样地调查采用抽样方法进行统计，斑块调查一般采用汇总方法进行统计；而数据分析主要包括现状分析、变化分析和预测预警分析3个方面。

### 1. 现状分析

　　现行各林业监测体系提供的数据，由于缺乏系统性和完整性，难以对森林资源和生态状况作出整体综合评价。即使某些监测指标名称相同，但指标的内涵、时间、范围、程度，以及计算方法上都存在着一定差异，造成各监测项目之间的数据在时间和空间上不可比，甚至互相矛盾，从而使得大量的信息不能得到充分利用。综合监测体系将努力克服这一问题，强调指标内涵、技术标准、采集时间、监测范围，以及计算方法的一致性，尤其是建立综合数据库以后，将为数据分析和挖掘提供更加广阔的数据资源和基础。现状数据分析不仅可以揭示各个监测对象本身内在的组成、结构，以及与生态系统之间的关系，而且还可以分析揭示各监测对象之间相互依存、相互制约的有机联系。除此之外，还可以采用对空间图形数据的拓扑运算以及空间和属性数据的关联等运算，反映监测对象在空间上的分布状况或规律。

　　现状分析的内容十分广泛，涉及到森林资源和生态状况的数量、质量、结构、属性、功能和空间分布等各个方面；分析的方法也很多，包括图表分析、回归分析、因子分析、相关分析等，其中图表分析法、回归分析法是对监测数据进行现状分析最常用的方法。

　　(1) 图表分析法主要用来直观分析监测目标变量与分类变量之间的相关。常用的图表分析方法包括列联表分析、频数表分析、直方图分析等。

　　列联表分析：列联表就是将监测的目标变量按分类变量作行列排列后形成的交叉表。一般采用双向表，即按两个分类变量形成的列联表。如，要了解全国乔木林面积、蓄积按起源和龄组的构成情况，就可以采用列联表进行分析（表7-2）。

　　频数表分析：频数表就是将监测的目标变量按某一变量在取值范围内的若干区间间隔内的频数、累计频数等列成的表格。如果把面积数据似同频数，则可以对全国乔木林面积按龄组的构成情况按频数表进行分析（表7-3）。

　　直方图分析：直方图分析法是最为常用的一种图示方法，它可以把列联表分析和频数表分析的结果最直观地用图表示出来。如，将全国第六次清查的乔木林面积蓄积按龄组的构成用直方图法进行分析，其结果见图7-6。从图上明显可以看出，乔木林面积以幼中林为主，而蓄积则以中龄林和成熟林为主，幼龄林蓄积最少。

　　(2) 回归分析按模型性质可分为线性回归、非线性回归两大类，再按变量个数又可分为一

表7-2　全国第六次清查乔木林面积蓄积按起源龄组构成分析

单位：百公顷，百立方米

| 龄组 起源 | 合计 | | 幼龄林 | | 中龄林 | | 近熟林 | | 成熟林 | | 过熟林 | |
|---|---|---|---|---|---|---|---|---|---|---|---|---|
| | 面积 | 蓄积 | 面积 | 蓄积 | 面积 | 蓄积 | 面积 | 蓄积 | 面积 | 蓄积 | 面积 | 蓄积 |
| 合计 | 1427867 | 120976368 | 472379 | 12849660 | 496437 | 34257218 | 199873 | 22455099 | 171479 | 30166098 | 87699 | 21248293 |
| 天然 | 1104932 | 105931112 | 342433 | 9911673 | 376436 | 27542181 | 155537 | 19324959 | 147383 | 28218991 | 83143 | 20933308 |
| 人工 | 322935 | 15045256 | 129946 | 2937987 | 120001 | 6715037 | 44336 | 3130140 | 24096 | 1947107 | 4556 | 314985 |

表7-3　全国第六次清查乔木林面积按龄组构成分析

单位：百公顷，％

| 龄　组 | 频数(面积) | 百分数 | 累计频数(面积) | 百分数 |
|---|---|---|---|---|
| 幼龄林 | 472 379 | 33.08 | 472 379 | 33.08 |
| 中龄林 | 496 437 | 34.77 | 968 816 | 67.85 |
| 近熟林 | 199 873 | 14.00 | 1 168 689 | 81.85 |
| 成熟林 | 171 479 | 12.01 | 1 340 168 | 93.86 |
| 过熟林 | 87 699 | 6.14 | 1 427 867 | 100.00 |

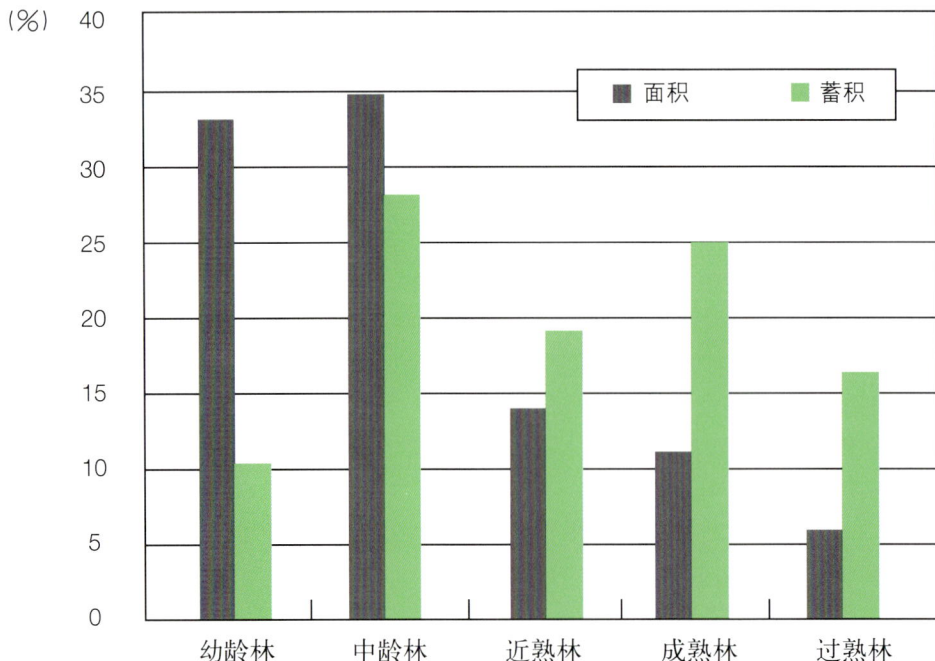

图7-6　全国第六次清查乔木林面积蓄积按龄组构成分析

元回归、二元回归、多元回归等类型。

一元线性回归：指只有一个自变量的线性回归，是回归分析的最简单形式。譬如，地径与胸径、平均高与优势高之间的关系，大体上都为线性回归关系。

多元线性回归：在实际应用中，影响监测目标变量的因素一般是多方面的，如林分的生长速度就受年龄、温度、光照、水分等许多因素的影响。在这种情况下，只考虑其中的某一个因素显然是不恰当的。例如，我们研究西藏云杉林分平均胸径$D$与龄组$A$、郁闭度$P$、海拔$h$等因素之间的线性回归关系，可以得到以下回归模型：

$$D = 49.917 + 8.8372A + 0.69239P - 0.012342h \quad (r = 0.72236)$$

即林分平均胸径与龄组、郁闭度呈正相关，而与海拔呈负相关。

非线性回归：自然界中各类目标变量与其影响因素之间的关系一般都不是线性相关，如森林蓄积量、生物量与树种、年龄、密度、立地条件等各种因素之间的关系，都是非线性关系。非线性回归首先必须确定曲线的类型，一般可以根据专业知识判断，也可以用直观的方法（如绘制散点图）进行判断；其次就是确定模型的参数，常用的拟合方法有线性化和曲线拟合两种，其中线性化一般采用对数、倒数或指数进行变换，曲线拟合有牛顿（Newton）法、麦夸特（Marquardt）法和包维尔（Powell）法等。

以湖南省杉木为例，杉木林平均高$H$与平均胸径$D$之间的回归关系可以表示为：

$$H = a + b/(c+D)$$

式中：$a$、$b$、$c$为回归模型的待估参数。通过采用麦夸特（Marquardt）法对模型进行拟合，可以得到回归模型：

$$H = 37.857 - 571.81/(13.001 + D) \quad (r = 0.97217)$$

杉木林平均高与平均胸径的实测值和回归模型预估值的对比见图7-7。

### 2. 变化分析

变化分析强调的是多期监测数据在内涵、性质和空间上的可比，要求有一一对应的动态数据。综合监测体系的建立，将通过多种整合手段，有效地消除数据之间的不可比性，在更大范围内运用多期数据进行对比分析，提供更具深度和广度的动态变化信息。

现行各项监测体系经过多年的运行，已经积累了大量珍贵的历史数据和资料。特别是国

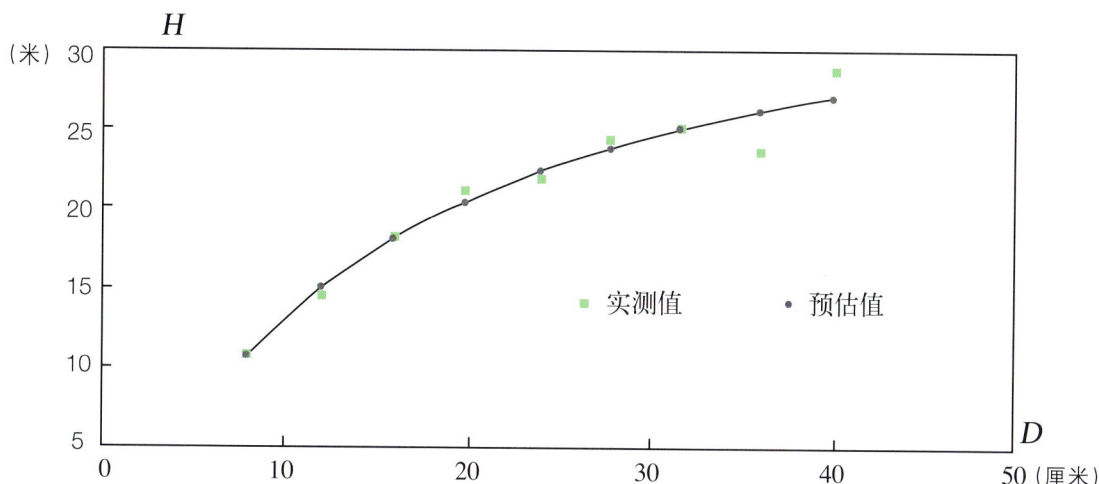

**图7-7　湖南省杉木林平均高与平均胸径的回归分析**

家森林资源连续清查体系运行近30年来，已经在全国范围内开展了六次清查，以时间为序列的数据已经相当丰富。整合后的综合监测体系，仍可利用历史数据和未来获取的数据，用动态分析方法和对比分析方法，结合相关监测指标特别是动态监测指标，分析监测对象的发展变化过程，探求监测对象的发展趋势和原因，以揭示监测对象的本质和规律，并作出科学评价。

从广义上讲，变化分析的范围很广，可以包括预测预警分析。但一般意义上的变化分析，关注的重点是从过去到现在的变化，尤其是最近两期的变化情况。因此，变化分析就是依据过去到现在的调查或观测结果，判定是否发生变化，以及变化的方向和程度。变化分析常用的方法是差异显著性检验。

假设某一特征因子的调查结果（样本平均数）前期为$x_1$，后期为$x_2$，则其动态变化应为$\triangle = x_2 - x_1$。以下是判定是否发生变化和变化的方向，以及确定变化程度大小的一般程序。

(1) 判定变化与否及变化方向：差异的显著性检验

可分双侧检验和单侧检验两种，此处应采用后者。以样地全固定抽样方案为例，假设后期的调查结果大于前期，即$x_2 > x_1$。采用单侧检验的步骤为：

统计假设：$H_0: \mu_1 = \mu_2$（前后期总体均值相等）；$H_1: \mu_1 < \mu_2$（前期均值小于后期）。

计算统计量：

$$t = \triangle / s_\wedge = x_2 - x_1 / \sqrt{s_{x_1}^2 + s_{x_2}^2 - 2rs_{x_1}s_{x_2}/n}$$

式中：$x_1$、$x_2$、$s_{x_1}$、$s_{x_2}$分别为前后期样本的均值和标准差；$n$为样本单元数；$r$为前后期样本特征值之间的相关系数。

差异判断：如果$t > t_{2a}$，拒绝原假设$H_0$而接受假设$H_1$；否则接收原假设$H_0$。$a$为小概率标准，一般取$a = 0.05$，$t_{2a}$为单侧检验的临界值（取自由度$f = n - 1$，按$2a$的危险率从$t$分布的双侧分位数表查得）。

如果单侧检验的结果是接受原假设$H_0$，则说明前后两期的数据在统计上没有差异，应判定为持平；如果是推翻原假设$H_0$而接受了假设$H_1$，则说明后期比前期增加，具体增加多少再由下一步来估计。对于$x_2 < x_1$的情况，也可进行类似的检验，以判定是持平还是减小。

(2) 确定变化程度：差异大小的估计

首先，计算以下两个指标：

差率：$p_\wedge = |x_2 - x_1| / x_1$

误差尺度：$I_\wedge = t_{2a}s_\wedge / x_1$

式中的符号意义同前。从上述两式与统计量$t$的计算式之间的关系可知，如果$p_\wedge = I_\wedge$，则相当于$t = t_{2a}$，亦即临界状态下的差率与误差尺度是相等的。

然后，根据$p_\wedge$与$I_\wedge$的大小来确定差异大小：在单侧检验拒绝原假设$H_0$的基础上，肯定会有$p_\wedge > I_\wedge$成立。此时，可以在$1 - a$的可靠性水平下，判定差率的单向置信下限为$(p_\wedge - I_\wedge)$或上限为$(p_\wedge + I_\wedge)$。判定的置信区间为$[p_\wedge - I_\wedge, p_\wedge + I_\wedge]$的可靠性为$1 - 2a$。有了差率的估计值，就很容易得到差异的绝对大小。

### 3. 预测预警分析

预测分析是在多期对比分析的基础上，进一步运用模型预测技术和数据挖掘技术，分析监测对象变化的原因，预测其未来状态的过程。从森林资源管理和生态建设状况评价的角度，应研究提出部分指标，并分别设定报警的阈值，从而可以根据预测分析结果及时进行预警。

综合监测体系的数据量巨大，而且随着时间的推移，数据量将成倍增加。传统的模型预

中国森林资源和生态状况综合监测研究

测技术因为对海量数据进行详细过滤和抽取的能力有限，将难以单独胜任森林资源和生态状况的变化趋势分析任务。而数据挖掘技术则迥异于模型预测技术，它不仅能对资源监测的历史数据进行查询和遍历，而且能够自动找出海量数据之间的内在联系，对其变化趋势进行一定程度上的自动预测预警。现行监测体系数据分散，标准和格式各异，数据挖掘技术不能发挥其应有的作用。综合数据库的形成为数据挖掘技术的应用提供了必要的条件。因此，变化趋势分析应充分利用数据挖掘技术，同时结合时间序列预测、回归分析预测、趋势外推法等技术进行。

（1）时间序列预测法的基本思想就是根据过去的历史资料，依据一组已有的数据来推算未来的发展情况。例如，把我国过去历次森林资源清查的森林面积、蓄积等数据按时间顺序排列，就形成了一个以时间为序的数列。分析这个序列，从中可以找出其变化的规律性，从而就可以用它来预测未来的发展趋势。常用的时间序列预测法有：平均数预测法、指数平滑预测法、弹性系数法等。平均数预测法又分为算术平均数预测、加权平均数预测、移动平均法3种，其中移动平均法最为常用。

移动平均法是将历次的数据由远而近按一定跨越期进行平均，取其平均值；随着时间的推移，按既定跨越期得到的数据也相应向前移动，如此逐一求得平均值，并将接近预测期的最后一个移动平均值，作为确定预测值的依据。移动平均法的计算公式为：

$$M_t = X_1 + X_{t-1} + X_{t-2} + ... + X_{t-n+1}/n = \sum X_1/n$$

式中：$M_t$ 为t期的移动平均数；$X_i$ 为i期的实际值；$n$ 为移动期数。

移动平均法的预测值为：

$$\hat{Y}_{t+1} = M_t + (M_t - M_{t-1})$$

式中：$\hat{Y}_{t+1}$ 为 $t+1$ 期的预测值。

以全国历次森林资源清查的森林蓄积为例，已知从第一至第六次清查的森林蓄积分别为86.56、90.28、91.41、101.37、112.67、124.56亿m³，如果将移动期数n设为2，则第七次清查的森林蓄积预测值为130.21亿立方米，第八次清查的森林蓄积预测值为141.81亿立方米。

（2）回归分析预测是根据某些影响因子的变动，来推测所研究对象的未来变化。按影响因子分类，回归分析预测分为单因素预测、多因素预测和自回归预测3种；按统计规律分类，可分为线性回归预测、非线性回归预测两种；按影响因子和统计规律综合分类，可以分一元线性回归预测、二元非线性回归预测等多种。

同样以上述森林蓄积预测为例。如果按照一元线性回归预测，可以得到模型：

$$Y = 74.43 + 7.6323X$$

式中：$Y$ 为蓄积预测值；$X$ 为清查期数。因此，按一元线性回归预测，第七次清查的森林蓄积为127.86亿立方米，第八次清查的森林蓄积为135.49亿立方米。

（3）趋势外推法就是把历年积累的统计资料、历史数据，在假定其过去的发展趋势今后依然存在的前提下，预测未来的发展方向和变化程度。趋势外推法常用的有指数曲线法、生长曲线法和包络曲线法3种，其中生长曲线又包括逻辑（Logistic）曲线、龚珀兹（Gompertz）曲线、理查德（Richards）曲线等。

再以上述森林蓄积预测为例。如果按照指数曲线法进行预测，可以得到模型：

$$Y = 76.384e^{0.077645t}$$

亿立方米

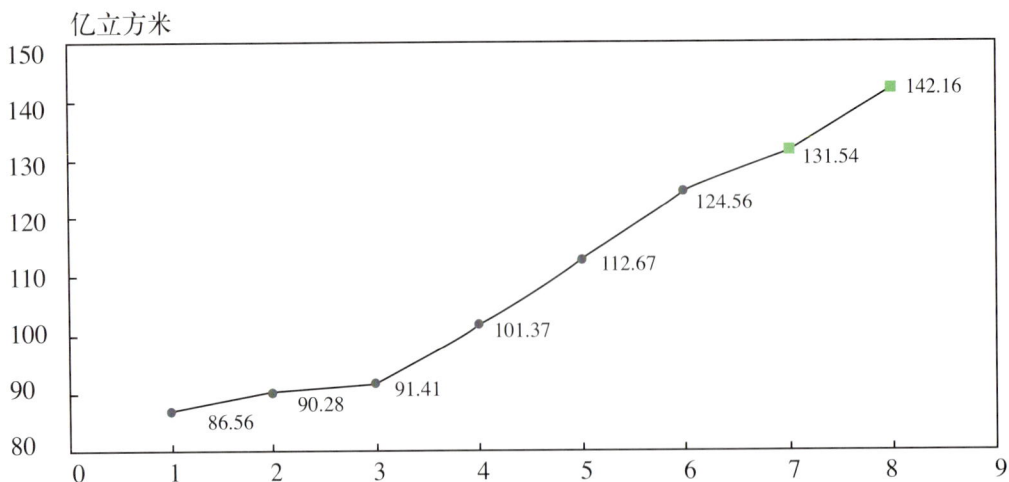

**图7-8 全国历次清查森林蓄积变化分析预测分析**

式中：$Y$为蓄积预测值；$t$为清查期数；$e$为自然对数的底。

因此，按指数曲线法进行预测，第七次清查的森林蓄积为131.54亿立方米，第八次清查的森林蓄积为142.16亿立方米（图7-8）。

## （三）评价

综合监测体系提供了大量的森林资源和生态状况现状、动态和空间分布信息。为了从中提炼出不同层次用户所需要的信息，并为各级政府和林业部门提供决策依据，需要开展相关的评价工作。评价是将森林资源和生态状况的现状、动态、结构、分布、功能等，用一定的指标进行定性评估或定量评价，抽象出森林资源及其生态系统的特征和发展规律，以及与社会经济发展、环境保护和生态建设之间的内在联系，为国家宏观决策、林业可持续发展及相关部门和社会公众等提供信息支持。

综合监测体系的评价主要包括专项评价和综合评价。应按国家级（含全国和区域）、省级和市县级3个层次分别开展评价工作，其中区域性评价包括各大林业重点工程区、各大林区和各大流域等。国家各大林业重点工程建设重点不一，在评价内容方面也应各有侧重。

**1. 专项评价**

专项评价主要包括森林资源、湿地资源、荒漠化、沙化与石漠化土地资源、野生动植物资源、灾害影响评价等5个部分。

（1）森林资源评价森林是陆地生态系统的主体，森林资源是林业发展和生态建设的根本。因此，森林资源评价是综合监测体系中资源评价的首要任务，其目的是要通过对林地和林木资源的数量、质量、分布及其变化的分析，客观评价林业和生态建设成效，为加强森林资源的保护和发展提出建议。

森林资源评价的主要指标包括：森林覆盖率、森林面积、林地面积、林木总蓄积、林木蓄积生长量、林木蓄积消耗量、木材及其他林产品的种类与数量、地类结构（各类林地的面积比例）、权属结构（森林、林地的权属面积比例）、林种结构（各林种的面积蓄积比例）、起源结构（天然林、人工林的面积蓄积比例）、龄组结构（各龄组的面积蓄积比例）、树种结构

（纯林、混交林面积蓄积比例）、径级结构（各林种各树种的直径分布）、林地生产力、林地退化类型和面积、林地的价值、林木的价值、森林生物多样性等。

（2）湿地资源评价。湿地是一种独特的生态系统，在蓄水调洪、改善生态、调节气候、净化水源、繁育物种、消减污染以及发展经济等方面均发挥着极为重要的作用。因此，湿地资源评价是综合监测体系的一项重要工作。通过对湿地类型与面积、湿地生态环境、湿地野生动植物、功能效益、利用和受威胁状况等方面进行评价，为湿地资源保护、管理和合理利用提供科学决策依据。

湿地资源评价的主要指标包括：湿地总面积、各类型湿地面积、湿地总面积及各类湿地面积消长、各类湿地保护区数量、面积和比例、各类湿地的水质状况、湿地资源利用情况、水禽栖息地数量和质量、迁徙水禽的数量及其消长、湿地资源受威胁情况等。

（3）荒漠化、沙化与石漠化土地资源评价。荒漠化、沙化与石漠化防治是21世纪上半叶我国生态建设的重要任务之一，也是我国实施西部大开发战略的重要保障。全面掌握我国荒漠化、沙化与石漠化土地的现状及动态变化信息，客观分析自然和社会经济因素对土地荒漠化状况的影响，并对林业生态工程的治理效果进行评价，提出防沙治沙和防治荒漠化的对策与建议，对我国生态建设和社会经济可持续发展具有十分重要的现实意义。

荒漠化、沙化与石漠化评价的主要指标包括：荒漠化土地总面积、不同类型和程度的荒漠化土地面积、不同类型和程度的沙化土地面积、不同类型和程度的石漠化土地面积、土地退化率、生态治理状况、土地质量改善状况、沙尘暴次数消长、人均生产总值消长、人均纯收入、主要农作物产量消长、人均能源消耗状况、人均营养水平、种植产投比等。

（4）野生动植物资源评价。我国野生动植物资源十分丰富，脊椎动物种类多达4400多种，占世界10%以上；高等植物3万余种，列北半球首位，其中特有种约有17 300种，占高等植物总数的57%以上。近20年来，由于森林长期遭受破坏，野生动植物资源面临栖息地缩减化、物种单一化和遗传资源狭窄化，是自然生态系统劣化、退化的结果。开展野生动植物资源评价，就是要以野生动植物资源清查的现状和变化信息为基础，分析变化原因和发展趋势，为科学保护和合理利用提供重要依据。

野生动植物资源评价的主要指标包括：野生动物种数、珍稀野生动物种类和多度，珍稀野生植物种类和数量，野生动植物的多样性指数、物种丰富度、物种特有率，珍稀野生动物的丰富度消长，珍稀野生植物的数量消长，国家一、二级保护物种的分布、栖息地类型，国家一、二级保护物种栖息地面积及其消长，各类野生动植物保护区的数量和面积、保护栖息地总面积，各类迁地保护物种数量、保护区面积与土地总面积之比等。

（5）灾害影响评估。随着全球生态问题的日益突出，维护国土生态安全已成为实施可持续发展的战略国策。目前我国生态建设状况正处在治理与破坏相持的关键阶段，必须继续加大生态建设投入力度，促进向治理大于破坏阶段的转变，逐步实现生态良性循环。因此，除了对影响陆地生态系统的森林、湿地、荒漠等资源状况进行专题评价外，还需对森林火灾、病虫鼠害、沙尘暴、泥石流、海啸、飓风等各种自然灾害的影响进行评价，并客观评估森林植被抵御各种灾害的能力，为林业发展和生态建设服务。

灾害影响评价的主要指标包括：森林火灾等级、损失面积及其对野生动植物资源的影响，病虫鼠害程度、成灾面积及其危害后果，沙尘天气的日数、次数、强度、影响面积以及造成的损失，水土流失面积、强度以及泥石流、塌方、洪涝灾害造成的损失，海啸、飓风的次数、强度、影响范围以及造成的损失等。

### 2. 综合评价

综合评价主要包括森林效益和生态状况两大部分。其中森林效益评价涉及经济效益、生态效益和社会效益3个方面，生态状况评价包括森林生态系统、湿地生态系统、荒漠生态系统等全部监测对象。

(1) 森林效益综合评价。森林效益是指森林为人类提供的功能和服务。森林效益具有多样性，一般归纳为森林的经济效益、生态效益和社会效益，统称为森林的综合效益。

森林经济效益：是指能被人类开发利用变为经济形态的那部分森林效益。一般从林地价值、木材产品价值、薪炭材价值、鲜果干果产品价值、食用原料林产品价值、林化工业原料林产品价值、药用林产品价值、野生动物（水生、陆生）产品价值、林下资源产品价值和其他林副产品价值等方面进行评估，方法包括市场价格法、未来收益净现值法、预期收益净现值法等。对于各种木材和非木材林产品，如果条件具备都要尽量按现期市场价格进行评估；对于具有存货性质的林木（如幼龄林和中龄林），习惯做法是在扣除林木培育成熟、采伐、运输等费用后，把未来销售林木的收益折成现期价值，按未来收益净现值法进行评估。

森林生态效益：是指森林的涵养水源效益、保土效益、储能效益、制氧效益、同化二氧化碳效益、降尘净化大气效益、生物多样性保护效益、防风固沙效益、护岸护堤护路的防护效益和调节小气候效益等。一般从涵养水源价值、保育土壤价值、净化水质价值、净化空气价值（固碳制氧价值）、净化环境价值、保护生物多样性价值等方面进行评估，方法包括边际机会成本法、影子价格法、替代性市场法、意愿调查评估法等。由于森林生态效益价值的不确定性、模糊性以及生态公益的多面性，生态过程和经济过程以及两者之间联系的复杂性，使森林生态效益估价的难度增加，因此其效益评价很难做到准确无误，目前也尚无统一规范的标准，有待更进一步的研究。

森林社会效益：是指森林为人类社会提供的除经济效益和生态效益以外的其他一切效益。社会效益是森林效益的重要组成部分，一般从森林提供的就业机会、森林游憩和森林的科学、文化、历史价值等方面进行评估。目前，对森林提供的就业机会主要采用投入产出法、指数法进行评价；对森林游憩价值主要采用旅行费用法等进行评价；对森林的科学、文化、历史价值主要采用指标评价法、条件价值法和综合模型评价法等进行评价（表7-4）。森林社会效益评价也比较复杂，评价内容和评估方法均没有形成统一的认识，还有待进一步研究。

(2) 生态状况综合评价。综合监测体系建设的最终目的就是要实现对森林、湿地、荒漠等生态系统的全面监测和综合评价，为生态建设和林业可持续发展乃至经济社会可持续发展提供决策支持。因此，生态状况综合评价是综合监测体系的一项极其重要的工作任务。开展生态状况综合评价，就是在森林、湿地、荒漠化等专项评价的基础上，对总体生态状况及其发展变化进行评价，分析影响生态状况的各种因子，评估生态建设成效，提出生态治理对策建议，为建立国土生态安全体系和绿色GDP核算体系等提供依据。

表7-4 比较认同的森林社会效益评价内容和评价方法

| 序号 | 评价内容 | 评价方法 |
| --- | --- | --- |
| 1 | 森林提供的就业机会 | 投入产出法、指数法 |
| 2 | 森林的游憩价值 | 旅行费用法等 |
| 3 | 森林的科学、文化、历史价值等 | 指标评价法、条件价值法和综合模型评价法等 |

生态状况综合评价的主要指标包括：森林及其生态系统的健康与活力（森林健康、生态功能）、对全球碳循环的贡献（如生物量、碳储量），生态系统类型、野生动植物种类等生物多样性状况，土地荒漠化、沙化、石漠化状况，水土流失状况，旱涝灾害状况，生态建设成效及其对改善整体生态状况的贡献等。

生态状况综合评价的主要方法有3种，即综合指数法、模糊评价法和矢量—算子法，其中前两种方法较为常用。

①综合指数法（comprehensive index或简写CI）

综合指数法是较为常用的一种生态状况评价方法，它是将各评价因子进行归一化处理后的值与相应权重的乘积之和作为综合指数来进行评价，其中归一化处理方法包括线性插值变换、对数插值变换和非线性变换等多种。譬如，可以针对森林、湿地、荒漠3个生态系统，构建一个生态综合指数（ecological comprehensive index）进行评价：

$$ECI = \sum_{i=1}^{3} W_i \cdot X_i$$

式中：ECI为生态综合指数；$W_i$为森林、湿地、荒漠生态系统各自的权重，可以综合考虑每个生态系统的作用、功能大小及其对生态状况的影响程度等因素来确定；$X_i$为3个生态系统评价因子的归一化指数，如果是取对整个生态系统的评价因子，一般也是采用综合指标，如生态功能指数。

假如森林、湿地、荒漠生态系统的权重确定为（0.6、0.3、0.1），生态功能指数为（0.5、0.8、0.3），则生态综合指数为0.57。

②模糊评价法（fuzzy evaluation）

模糊评价法是对具有不确定性的模糊对象进行系统评价的一种方法。如生态状况的质量好坏可以用0~1表示，取0.8比0.7要好。模糊评价一般包括两个集合（因素集U、评语集V）和一个模糊变换器。

$$因素集U = \{U_1, U_2, U_3, \cdots, U_n\}$$
$$评语集V = \{V_1, V_2, V_3, \cdots, V_m\}$$

为表示单因素$U_i$在评语集中的所起作用的大小，用$\tilde{A} = \{W_{u1}, W_{u2}, W_{u3}, \cdots W_{u4}\}$表示；同样，用$\tilde{B} = \{W_{v1}, W_{v2}, W_{v3}, \cdots W_{v4}\}$表示某个评语在评语集中的权重系数。

对于第$i$个评价因素$U_i$作出$V_j$评定时，有一个相应的隶属度$r_{ij}$，则构成了相应的隶属度向量$R_i$（$r_{i1}, r_{i2}, r_{i3}, \cdots, r_{im}$）。

对每个因素作出所有评定就构成了评价矩阵$R$：

$$R = \begin{pmatrix} r_{11} & r_{12} \cdots & r_{1m} \\ r_{21} & r_{22} \cdots & r_{2m} \\ \vdots & \vdots & \vdots \\ r_{n1} & r_{n2} \cdots & r_{nm} \end{pmatrix}$$

一般规定$\sum_{j=1}^{m} r_{ij} = 1 (i=1, 2, \cdots n)$，故$\tilde{B} = \tilde{A} \cdot R$。

现举例作如下说明。假定评价综合生态状况就采用森林、湿地、荒漠3个生态系统的质量，从而构成评语因素集$U = \{U_1, U_2, U_3\}$；评语分为好、中、差3级，从而构成评语集$V = \{V_1, V_2, V_3\}$。

就森林生态系统而言，经过调查或专家打分，有10%的人认为好，有60%的人认为中等，有30%的人认为差，从而可得到第一个评价因素森林生态系统（$U_1$）的隶属度$R_{1j}$ = （0.1，0.6，0.3）。

同理，考虑湿地生态系统（$U_2$）和荒漠生态系统（$U_3$）的质量时，可相应得到：

$$R_{2j} = （0.3，0.5，0.2）$$
$$R_{3j} = （0.1，0.4，0.5）$$

然后，通过调查每个生态系统的作用、功能大小及其对生态状况的影响程度，确定其各生态系统的权重，假定 $\bar{A}$ = （0.6、0.3、0.1）。从而可得到评定结果：

$$\bar{B} = \bar{A} \cdot R = (0.6，0.3，0.1) \begin{pmatrix} 0.1 & 0.6 & 0.3 \\ 0.3 & 0.5 & 0.2 \\ 0.1 & 0.4 & 0.5 \end{pmatrix} = (0.16，0.55，0.29)$$

可见综合生态状况为中等偏差（相当于有16%的人认为好，有55%的人认为中等，有29%的人认为差）。

如果将评语好、中、差量化为系数（0.8，0.5，0.2），则可以计算综合评分值：

$$\alpha = 0.16 \times 0.8 + 0.55 \times 0.5 + 0.29 \times 0.2 = 0.46$$

由于0.2<0.46<0.6，因此生态状况质量处于中和差之间，偏重于中等。

## 三、信息管理与服务

综合监测体系建设的最终目标是要建立系统化、网络化、智能化的信息服务体系，因此，为各级用户提供满意的信息服务是综合监测体系建设的落脚点。充分利用数据库技术、3S技术和网络技术，依托国家、省、市县3级综合监测机构，在信息采集、信息处理与分析评价的基础上，分别采用C/S(客户/服务器模式)和B/S(浏览/服务器模式)结构，建立综合监测信息管理平台，实现全国森林资源和生态状况监测信息资源的整合与集成，是综合监测体系建设的重要任务。除计算机、网络和图形图像处理等硬件系统及相关的软件系统以外，综合监测信息管理平台建设主要包括信息管理系统和信息服务系统两大部分。

### （一）信息管理

信息管理是综合监测信息管理平台维持正常运转、高质量完成信息服务工作的基础性工作。从广义上理解，它包括系统管理和数据管理两部分。系统管理主要是对综合监测信息共享平台的日常维护工作，涉及系统安全性、数据一致性、系统资源调配的合理性等问题，是系统正常运转的根本保证；数据管理主要是对各监测数据库的管理维护，涉及元数据管理、数据输入输出管理、数据存储管理等问题，是数据库系统保持正常运转的基础。系统管理和数据管理是综合监测信息管理平台不可或缺的两个部分，缺乏系统管理，整个系统的安全性得不到保证，正常运行就无法进行；而缺乏数据管理，数据库就不能正常工作，用户的信息服务就得不到满足，系统建立就失去了意义。因此，综合监测信息管理平台的设计必须确保具有强大的系统管理和数据管理功能。

### 1. 系统管理

系统管理是综合监测信息管理平台的基础，直接影响到整个系统的正常运行。主要包括用户管理、代码管理、访问控制及安全管理等功能模块。

(1) 用户管理。由于不同用户所拥有的数据、应用系统的权限有一定的差异，因此，对于综合监测信息的应用需要进行用户管理。根据综合监测信息的安全级别、用户级别及监测信息的内容，建立综合监测信息、服务与用户的对应关系，既保证各项监测信息尽可能得到充分的利用，同时又保证信息的安全性需求。针对一般用户、数据管理用户、系统管理用户等设置不同的权限。

(2) 代码管理。综合监测的各级各类数据，基本都是以代码的形式记载的。因此，代码就是各类信息的载体，代码管理也是系统管理的重要内容。代码管理主要包括数据输入、修改、维护所需各类代码的设置，以及系统中各级行政区划代码和综合监测各种属性信息字段的标准代码等的设置；还要支持系统内部代码数据导出和系统外部代码数据导入等功能。

(3) 访问控制。为保证数据的安全性和一致性，对综合监测信息管理系统中的各类数据进行查询、运算、编辑、下载等操作行为需要加以控制，从而需对不同的访问用户设置不同的操作权限。同时建立访问日志，记录所有用户对系统数据库的各种操作信息，包括操作用户、操作时间、操作行为以及数据库的状态等，以利于系统的维护。

(4) 安全管理。综合监测信息管理系统是网络化的多层次分布式计算机技术系统，各数据管理中心需要建立相应的安全策略，设置安装防火墙和入侵检测系统，确保操作系统安全。同时采取对数据实施保密分级、数据加密等措施，以提高数据库的完整性、保密性、可用性。加强安全组织体系和安全管理制度建设，强化安全管理工作。

### 2. 数据管理

数据管理是综合监测信息管理平台的常规功能，主要包括元数据管理、数据录入维护、数据导入导出、数据备份及其他管理等内容。

(1) 元数据管理。综合监测元数据包括空间元数据和属性元数据。由于综合监测信息管理平台是一个复杂的大系统，涉及到方方面面的海量数据，其源数据来自不同的区域和监测项目，有着不同的表现形式，具有多尺度、多类型、多时相的特点，而且数据交换与共享频繁，必须具有元数据管理技术的支持。随着时间的推移和数据的变化，元数据库也需要进行管理和维护。

(2) 数据录入维护。　数据录入功能主要用于对各类综合监测数据和其他相关数据进行录入。同时建立基于数据诊断模型和专家系统的数据逻辑检查系统，一方面辅助数据的输入，另一方面排除数据的录入错误和各种逻辑错误，保证基础数据的质量。

(3) 数据导入导出。实现对综合监测体系各类图形数据、图像数据和属性数据的导入导出，包括对各类数据不同格式的转换、数据显示内容转换等功能。同时要支持通过互联网传输数据的接收和发送。

(4) 数据备份。实现对综合监测信息管理系统各类数据库的自动备份、手动备份功能，为各种原因导致数据出现异常时的数据恢复提供依据。同时要具备远程数据增量备份功能。

(5) 其他管理功能。其他管理功能还包括对数据表的管理、数据的加密和解密、数据的压缩和传输、投影坐标系统的自动转换等。

Research on Integrated Monitoring Forest Resources and Ecological Status in China

## （二）信息服务

综合监测信息管理平台的信息服务，是各级监测机构基于已建立的原始数据库、派生数据库和综合数据库，以信息处理与分析评价为依托，借助基础信息平台，通过数据交换、联机数据挖掘、图表输出、信息发布等手段，满足不同层次用户对森林资源和生态状况信息的需求；同时也可以按特定的要求对森林资源和生态状况信息及相关信息进行分析评价与辅助决策，并通过数据交换网络、门户网站开展信息服务（图7-9）。

### 1. 信息服务方式

综合监测信息管理系统的信息服务方式包括网络查询、信息交换和信息发布等。

（1）网络查询综。合监测信息的共享是发挥其综合效益、推动信息应用的必然选择。在保证数据标准化和元数据充分开放的前提下，利用网络技术构建基础信息共享平台，开展综合监测信息的各项共享服务。各级用户可以根据设定的权限，直接上网查询有关信息。

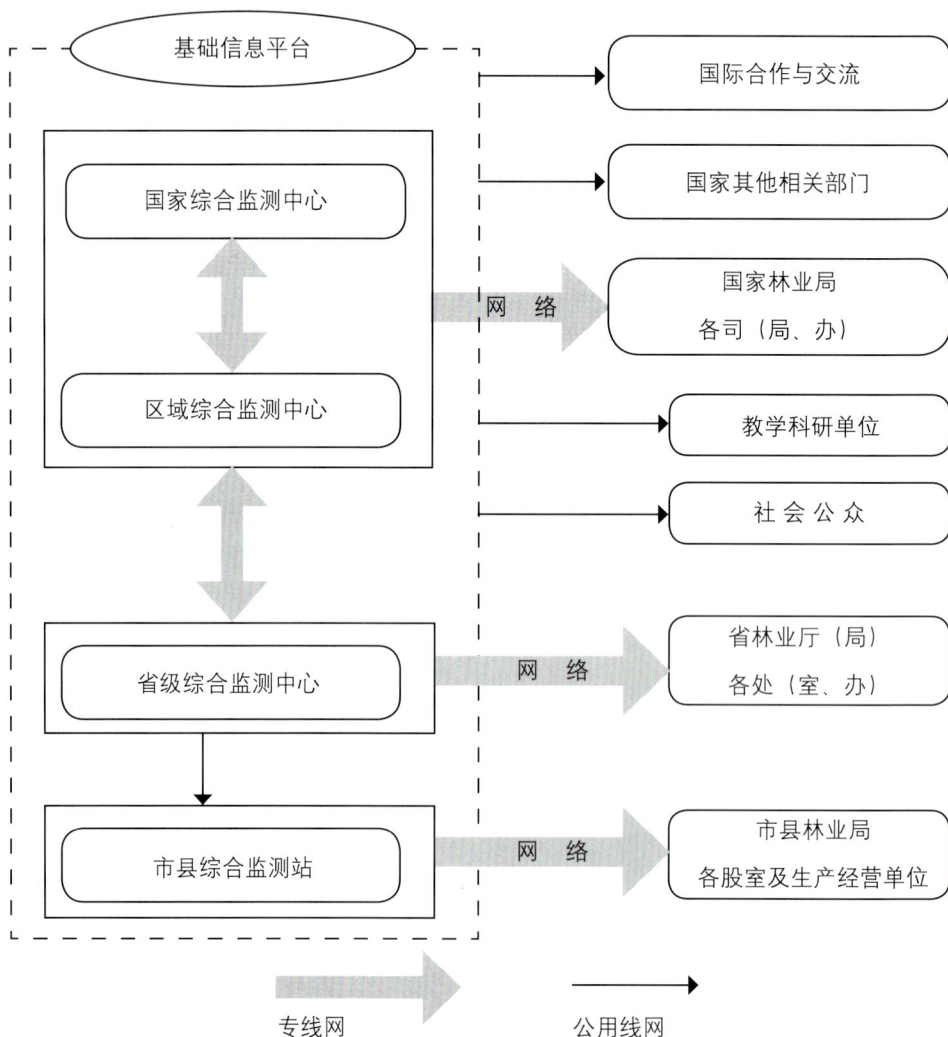

图7-9 综合监测体系信息服务流程

（2）信息交换。信息交换是指实现各级数据管理中心之间、用户与数据管理中心之间、用户与用户之间综合监测信息的交换。包括交换任务处理、数据发现、数据处理、数据表达等过程。各级数据管理中心负责其相应范围数据的信息请求，通过本地或远程的数据调用，进行处理和分析，再按用户类型提供符合要求的信息。

（3）信息发布。全国森林资源和生态状况综合监测成果及专题监测成果由国家林业局有关司（局、办）组织审核，由国家林业局对外统一发布。应同时结合已建立的综合监测门户网站，发布有关森林资源和生态状况的信息。

## 2. 信息服务对象

综合监测信息管理平台的信息服务对象是信息需求者和成果利用者，是促进监测体系发展的驱动力。包括国际交流与合作、国家宏观决策、生态建设与林业发展、相关行业及社会公众等4个层面。

（1）根据信息需求分析，为国际合作与交流提供的信息服务主要是为掌握全球的资源与生态总体状况或宏观情况（数量、质量、类型、分布等），以及资源变化对生态系统维持和经济社会发展的贡献。具体服务对象包括：联合国及联合国粮食与农业组织（FAO）、《联合国防治荒漠化公约》、《生物多样性公约》、《湿地公约》、《京都议定书》、《联合国气候变化框架公约》、《濒危野生动植物种国际贸易公约》、《世界遗产公约》以及世界自然保护联盟（IUCN）等。该层面的信息服务主要由国家级监测中心负责提供，一般采用数据报表和文字报告等形式。

（2）国家宏观决策所需信息包括与资源、环境、经济社会等有关的森林资源和生态状况现状与变化的宏观信息，主要为经济社会可持续发展和国土生态安全提供决策依据。具体服务对象包括国务院和国家发展和改革委员会、财政部等有关部委。该层面的信息服务主要由国家级监测中心负责提供，一般采用数据报表和文字报告等形式。

（3）为生态建设与林业发展提供的信息服务，主要包括为生态建设成效评价所需的生态治理、生态破坏、综合评价信息，为实施林业可持续发展战略服务的土地资源和生物资源信息，为林业经营管理服务所需的森林资源数量质量、森林生态系统健康、生物多样性保护等方面的信息。信息服务的具体对象主要是指各级林业主管部门、规划设计单位和林业经营单位，有关信息服务由各级监测中心分级负责提供。

（4）为相关行业及社会公众等提供的信息服务包括除上述3个层面以外的所有信息服务，具体分为两大类：一是与林业发展有直接关系的农业、水利、国土、环保、旅游、气象等行业，在其发展战略制定和落实方面，需要得到林业相关信息的支持。二是教育科研机构、学术团体和社会公众等，为开展科学研究、科技知识普及、文化教育、社会参与、国际国内各种学术交流等活动对森林资源与生态状况的信息需要。这部分信息服务的具体对象很多也很复杂，主要通过成果发布和门户网站提供共享信息服务。

# 参考文献

1. 白长波.《生物多样性公约》介绍（之一）[J]. 生物多样性, 1995, 3(1): 52

2. 白长波.《生物多样性公约》介绍（之二）[J]. 生物多样性, 1995, 3(2): 122~124

3. 白长波.《生物多样性公约》介绍（之三）[J]. 生物多样性, 1995, 3(3): 180

4. 白降丽, 彭道黎, 庚晓红. 我国森林资源调查技术发展研究[J]. 山西林业科技, 2005, (1): 4~7

5. 毕华兴, 朱金兆. 林业生态工程信息管理网络初探[J]. 土壤侵蚀与水土保持学报, 1999, 5(6): 76~81

6. 蔡良良, 蔡霞, 朱红伟. 县级森林资源动态信息系统实施中的问题及对策[J]. 浙江林学院学报, 2004, (2): 228~230

7. 蔡为茂. 森林持续经营的评价系统[J]. 森林工程, 1998, 14(3): 4~6

8. 陈炳浩. 我国林业持续发展的原则、内容和途径[J], 世界林业研究, 1994, 7(2): 19~24

9. 陈继红. 用可持续发展经济学理论来认识林业可持续发展[J]. 国土与自然资源研究, 2003, (1): 79~81

10. 陈火春. 论森林资源监测在森林经理中的作用[J]. 林业调查规划, 2002, (1): 1~3

11. 陈京民. 数据仓库原理、设计与应用[M]. 北京: 中国水利水电出版社, 2004

12. 陈克林.《拉姆萨尔公约》《湿地公约》介绍[J]. 生物多样性. 1995, 3(2): 119~121

13. 陈雪峰. 试论国家森林资源连续清查体系的建设[J]. 林业资源管理, 2000, (2): 3~8

14. 陈雪峰, 黄国胜, 夏朝宗, 陈新云. 全球森林资源评估方法与启示[J]. 林业资源管理, 2005, (4): 24~29

15. 陈雪峰, 唐小平, 翁国庆. 新时期森林资源规划设计调查的新思路[J]. 林业资源管理, 2004, (1): 9~14

16. 陈雪峰, 曾伟生, 熊泽斌, 张敏. 国家森林资源连续清查的新进展[J]. 林业资源管理, 2004, (5): 40~45

17. 陈永富, 华网坤, 杨彦臣, 等. 海南岛热带天然林可持续经营单位、标准及采伐作业的研究[J]. 林业科学研究, 2000, 13(2): 134~140

18. 陈永富, 黄建文, 鞠洪波. 面向对象的退耕还林造林效果遥感特征提取技术研究[J]. 林业资源管理, 2006, (2): 57~61

19. 陈永富, 张怀清, 鞠洪波. 退耕还林工程监测与评价信息系统平台设计[J]. 林业资源管理, 2005, (6): 82~85

20. 陈永富, 张怀清, 刘华. 重大林业工程和典型生态区基础数据采集研究[J]. 林业科技管理, 2003, (3): 29~31

21. 大公.《京都议定书》[J]. 国际展望, 2001, (4): 15

22. 邓守严, 卢振兰, 李德志. 经济生态系统持续发展的实现途径及其测度体系[J], 世界林业研究, 1998(5): 52~57

23. 邓艳, 郑善伟, 雷家骕. 国外技术整合研究的进展情况[J]. 国际技术经济研究, 2004, 7(4): 43~47

24. 范金城, 梅长林. 数据分析[M]. 北京: 科学出版社, 2002

25. 方炎. 农业可持续发展的政策、技术与原理[M]. 北京: 中国农业出版社, 2003

26. 冯建成. 山西省荒漠化监测体系建立方法[J].内蒙古林业调查设计,1999, (增刊) :12～15

27. 冯仲科, 游晓斌, 任谊群. 基于3S技术的森林资源与环境监测系统构想[J]. 北京林业大学学报, 2001, 23(4): 90～92

28. 赴加拿大、墨西哥技术考察组. 加拿大、墨西哥森林资源监测技术考察报告[J].林业资源管理, 1995, (1): 5～12

29. 甘强, 魏华.Web技术在林业GIS中的应用[J]. 江西林业科技, 2004, (4): 61～63

30. 高惠璇. 实用统计方法与SAS系统[M].北京: 北京大学出版社, 2001

31. 高素萍, 陈其兵, 王晓炜. 森林生态效益的价值理论问题探讨[J]. 四川农业大学学报, 2002, 20(3): 275～278

32. 高兆蔚. 森林系统的整体性与复杂性问题的研究[J]. 林业资源管理, 2002, (2): 9～12

33. 关毓秀, 董乃钧, 陈谋询,等. 森林资源管理研究汇编（1995～2000）[G]. 北京: 北京林业大学, 2001

34. 国家环境保护总局. 中国环境保护21世纪议程[R]. 北京:中国环境科学出版社,1995

35. 国家环境保护总局监督管理司. 中国环境影响评价[M]. 北京:化学工业出版社,2000

36. 国家林业局.“十五”实施林业可持续发展战略研究报告[R]. 北京:中国林业出版社,1999

37. 国家林业局. 2000中国林业年鉴[G]. 北京:中国林业出版社, 2000

38. 国家林业局. 全国湿地资源调查与监测技术规定[S]. 北京: 中国林业出版社,2003

39. 国家林业局. 森林资源规划设计调查主要技术规定[S]. 北京: 中国林业出版社,2003

40. 国家林业局. 中国林业年鉴（2003）[G]. 北京: 中国林业出版社, 2003

41. 国家林业局. 全国荒漠化和沙化监测技术规定[S]. 北京: 中国林业出版社,2003

42. 国家林业局. 国家森林资源连续清查技术规定[S]. 北京: 中国林业出版社, 2004

43. 国家林业局. 西南岩溶地区石漠化监测技术规定[S]. 北京: 中国林业出版社, 2005

44. 国家林业局国际合作司. 林业国际公约和国际组织文书汇编[M]. 北京: 中国林业出版社, 2002

45. 国家林业局《湿地公约》履约办公室.湿地公约履约指南[R]. 北京: 中国林业出版社, 2001

46. 国家林业局森林资源管理司.赴美国森林资源监测技术考察报告[R]. 北京: 中国林业出版社, 2004

47. 国际林业研究中心标准与指标项目组著, 陆文明、胡延杰等译. 森林可持续经营标准与指标工具书[M]. 北京: 中国农业科学技术出版社, 2004

48. 郭仁鉴, 陈法荣, 朱铨. 淳安县林业可持续发展能力的评价和分析[J].浙江林学院学报, 2001, 18(4): 337～344

49. 郭亚军. 综合评价理论与方法[M]. 北京: 科学出版社, 2002

50. 郭正刚, 程国栋,等. 甘肃省白龙江林区森林资源可持续发展力的评价[J]. 应用生态学报, 2003,(14)9: 1433～1438

51. 韩昭庆.《京都议定书》的背景及其相关问题分析[J].复旦学报(社会科学版), 2002, (2): 100～104

52. 海热提, 王文兴. 生态环境评价、规划与管理[M]. 北京: 中国环境科学出版社, 2004

53. 何政伟,黄润秋,陈兵,等.林业信息系统体系构建分析[J].成都理工大学学报（自然科学版）, 2004,31(1): 81～85

54. 何汉杏, 何华春. 县级林场可持续林业建设研究[J].中南林学院学报, 2001, 21(2): 6～12

55. 贺庆棠. 森林环境学[M]. 北京: 中国林业出版社,1999

56. 黑龙江森林工业总局森林资源调查管理局. 森林资源管理志[S]. 哈尔滨:1989

57. 洪菊生等译. 热带林可持续经营指南[M]. 北京:中国林业出版社, 2001

58. 侯元兆. 林业可持续发展和森林可持续经营的框架理论（上）[J]. 世界林业研究, 2003, 16(1): 1~5

59. 侯元兆. 林业可持续发展和森林可持续经营的框架理论（下）[J]. 世界林业研究, 2003, 16(2): 1~6

60. 侯元兆, 张颖, 曹克瑜, 等. 森林资源核算（上）: 理论方法, 海南案例, 绿色GDP, 绿色政策[M]. 北京: 中国科学技术出版社, 2005

61. 黄国胜, 王雪军, 魏建祥, 孙涛. 生态位在区域森林资源评价中应用[J]. 林业资源管理, 2003, (3): 33~36

62. 黄国胜, 夏朝宗. 基于MODIS的东北地区森林生物量研究[J]. 林业资源管理, 2005, (4): 40~44

63. 惠刚盈, Gadow V K. 德国现代森林经营技术[M]. 北京:中国科学技术出版社, 2001

64. 霍彬. 传统的企业组织结构的弊端与扁平化组织的构建[J]. 人力资源, 2004, (5): 78~79

65. 贾治邦. 坚持以科学发展观统领工作全局,努力把我国林业推向又快又好发展的新阶段[J]. 中国林业产业, 2006,(3):4~13

66. 贾治邦. 加快发展现代林业 推进社会主义新农村建设[J]. 求是, 2006, (14): 32~34

67. 姜春云. 中国生态演变与治理方略[M]. 北京: 中国农业出版社, 2004

68. 江泽慧. 论林业在可持续发展中的战略地位[J]. 林业经济, 1996, (1): 4~7

69. 江泽慧. 现代林业理论与生态良好途径[J]. 世界林业研究, 2001, (6): 1~7

70. 江泽慧, 等. 中国现代林业[M]. 北京:中国林业出版社, 2000

71. 蒋敏元, 王兆君. 以现代林业理论指导林业跨越式发展[J]. 世界林业研究, 2003, (1): 31~35

72. 蒋有绪. 国际森林可持续经营的标准与指标体系研制的进展[J]. 世界林业研究, 1997, (2): 9~14

73. 蒋有绪. 国际森林可持续经营问题的进展[J]. 资源科学, 2000, 22(6): 77~82

74. 蒋有绪. 森林可持续经营与林业的可持续发展[J]. 世界林业研究, 2001, (2): 2~8

75. 焦锋, 杨勤科, 雷会珠, 等. 土地资源动态监测信息系统[J]. 水土保持研究, 2000, 7(2): 172~175

76. 亢新刚. 森林资源经营管理[M]. 北京:中国林业出版社, 2001

77. 寇文正. 以"三个代表"思想为指导全面加强森林资源管理实现林业跨越式发展[J]. 林业资源管理, 2002, (2): 2~8

78. 寇晓东, 李琦, 田红梅. 森林资源监测中的合作[J]. 防护林科技, 2004,(1): 54~55

79. 雷加富. 认清形势理清思路明确任务为打赢相持阶段生态建设的攻坚战奠定基础. [Z] 2005

80. 李宝银. 地方森林资源监测体系技术方法和实施系统的研究[J]. 林业资源管理, 1995, (3): 15~21

81. 李宝银, 汪正铨. 福建省森林资源可持续发展评价指标体系的研究[J].林业勘察设计（福建）, 2003, (2): 1~5

82. 李朝洪, 郝爱民. 中国森林资源可持续发展描述指标体系框架的构建[J]. 东北林业大学学报, 2000,28(5): 122~124

83. 李德芝, 邱育蝉. 生态文明建设与我国可持续发展[J]. 山西林业大学学报,2000, (3): 300~302

84. 李东升, 王伟, 刘九庆, 等. 森林动态监测技术研究进展[J]. 森林工程, 2000, 16(6): 15~17

85. 李禄康. 政策机构和达到可持续发展的手段. 第十一届世界林业大会文献选编. 北京: 中国环

境科学出版社, 1998: 305~310

86. 李明阳. 森林生态评价的尺度和指标[J].中南林业调查规划, 1997，(3): 52~54

87. 李松岗. 实用生物统计[M]. 北京: 北京大学出版社,2002

88. 李芝喜,孙宝平.林业GIS—地理信息系统技术在林业中的应用[M]. 北京:中国林业出版社,2000

89. 李芝喜.21世纪的森林调查监测技术[J]. 云南林业调查规划设计, 1998,23(4): 1~6

90. 李智广,郭索彦.全国水土保持监测网络的总体结构及管理制度[J]. 中国水土保持, 2002, (9): 22~24

91. 联合国防治荒漠化公约中国执委会秘书处. 2 中国履行《联合国防治荒漠化公约》国家报告[R]. 2000

92. 林俊钦. 森林生态宏观监测系统研究[M]. 北京: 中国林业出版社,2004

93. 林业部. 全国林业统计资料汇编（1949—1987）[G]. 北京:中国林业出版社,1990

94. 林业部. 全国陆生野生动物资源调查与监测技术规程[S]. 北京:中国林业出版社,1995

95. 林业部调查规划院. 森林调查手册[K]. 北京:中国林业出版社,1980

96. 林业部科技司. 森林的地位与作用[M]. 北京:中国林业出版社,1995

97. 林业部科技司. 中国森林生态系统定位研究[M]. 哈尔滨:东北林业大学出版社,1994

98. 林业部资源和林政管理司. 当代中国森林资源概况1949-1993[G].北京:中国林业出版社,1996

99. 刘安兴. 森林资源监测技术发展趋势[J]. 浙江林业科技, 2005,(4)：70~76

100. 刘璨.林业持续发展政策设计[J], 世界林业研究, 1994, 7(5)，11~18

101. 刘青松, 邹欣庆, 左平. 环境监测[M]. 北京:中国环境科学出版社, 2003

102. 陆元昌. 森林健康状态监测技术体系综述[J]. 世界林业,2003,16(1): 20~25

103. 罗明灿. 区域森林资源可持续发展综合评价研究[J].四川林勘设计,1999,(2): 25~33

104. 罗摩克里纳西（美),格尔基（美),周立柱. 管理信息系统原理（第三版)[M]. 北京:清华大学出版社,2004

105. 吕月良,陈钦,等.林业现代化评价研究[M]. 北京:中国林业出版社,2006

106. 马克平, 钱迎倩.《生物多样性公约》的起草过程与主要内容[J]. 生物多样性, 1994, 2(1): 54~57

107. 梅综奇.现代技术系统发展的趋势[J]. 兰州学刊, 2004,(1):77~78

108. 蒙吉军. 土地评价与管理[M]. 北京:科学出版社,2005

109. 孟宪宇. 测树学(第2版)[M]. 北京:中国林业出版社，1996

110. 聂祥永. 森林资源监督信息系统的概念设计方案初探[J]. 林业资源管理, 2003,(3): 21~25

111. 聂祥永. 瑞典国家森林资源清查的经验与借鉴[J]. 林业资源管理, 2004,(1): 65~70

112. 聂祥永. 森林资源与生态状况监测信息资源整合架构探析[J]. 林业资源管理, 2006, (2):51~56

113. 牛文元. 可持续发展导论[M]. 北京:科学出版社,1994

114. 潘岳.GDP的理性回归[J]. 发展, 2004,(6): 2~3

115. 戚道孟.我国生态保护补偿法律机制问题的探讨[J]. 中国发展, 2003,(3):16~19

116. 钱学森, 等. 一个科学新领导—开放复杂巨系统及其方法论[J]. 自然杂志,1990,13(1)

117. 邱慧宁,邱海帆,魏泉.网络数据库技术基础[M].北京:冶金工业出版社,2004

118. 海热提、王文兴. 生态环境评价、规划与管理[M]. 北京:中国环境科学出版社,2004

119. 桑运超. 试行扁平化管理探讨[J]. 石油管理干部学院学报,2004,(1)：23~27

120. 尚玉昌.普通生态学（第二版)[M]. 北京: 北京大学出版社,2002

Research on Integrated Monitoring Forest Resources and Ecological Status in China

121. 沈国舫. 中国森林资源与可持续发展[M]. 南宁: 广西科学技术出版社,2000

122. 沈国舫. 中国林业可持续发展及其关键科学问题[J]. 地球科学进展, 2000,(1):10~18

123. 沈茂成. 重视生态用水和湿地保护[J]. 资源管理, 2001,(10) : 5~6

124. 沈月琴, 周国模. 现代林业的综合研究方法[J]. 世界林业研究, 2002,(2) : 8~14

125. 施拥军, 王珂. 3S技术在林业中的应用[J]. 浙江林业科技, 2002, 22(6) : 46~50

126. 世界农业编辑部.《联合国防治荒漠化公约》[J]. 世界农业, 2000,(9):48

127. 索菲.希格曼等著, 凌林等译. 森林可持续经营手册[M]. 北京:科学出版社, 2001

128. 唐守正, 张会儒. 森林经营单位级可持续经营标准和指标测试文集[C].北京: 中国科学技术出版社,2002

129. 唐守正, 张会儒. 森林资源调查监测体系文集[C]. 北京:中国科学技术出版社2002

130. 唐先明, 章晓一, 王文娟. 中科院资源环境数据交换与共享系统的建设[J].地理信息世界, 2005, (1): 7~15

131. 王兵, 崔向慧, 包永红,等. 生态系统长期观测与研究网络[M]. 北京:中国科学技术出版社,2003

132. 王兵, 肖文发, 刘世荣. 中国森林生态环境监测现状及环境质量[J]. 世界林业研究, 1996, (5) : 52~60

133. 王成祖. 面向生态文明的21世纪中国林业生态建设的战略思考[J]. 林业经济, 1998, (3): 1~11

134. 王登峰. 广东省森林生态状况监测报告[R].北京:中国林业出版社,2004

135. 王海, 张玉岩. 吉林省国有林区可持续发展综合评价指标体系研究[R].林业经济, 2000,(6): 32~36

136. 王静, 郭旭东, 何挺. 区域资源与生态环境综合监测及评价指标体系初探[J].长江流域资源与环境, 2003,(6) : 574~578

137. 王静, 张继贤, 郭旭东,等. 全国资源与生态环境综合监测系统建设的设想[J].中国土地科学, 2002,16(5): 18~23

138. 王巨斌. 森林经理学[M]. 北京:中国科学技术出版社,2003

139. 王雪军, 韩爱慧, 黄国胜,等. 国家级森林资源遥感监测业务运行系统的设计[J].林业资源管理, 2005,(2): 70~74

140. 王彦辉, 唐守正. 德国等欧洲国家的森林受害及监测[C]//面向21世纪的林业论文集. 北京: 中国农业科技出版社,1998

141. 王彦辉. 德国的森林土壤环境和树木营养状况监测[C]//面向21世纪的林业论文集. 北京:中国农业科技出版社,1998

142. 王允涛, 陈景和, 张金良. 关于山东省森林资源动态监测体系框架的探讨[J].山东林业科技, 2003,(4):44~45

143. 王祝雄, 陈雪峰, 张敏.加强森林资源监测促进林业快速发展[N].中国绿色时报, 2004年7月14日

144. 王祝雄. 总结经验,再接再厉,努力提高森林资源连续清查水平[J]. 林业资源管理,2005, (3):1~6

145. 王伟英. 论国有林区的可持续发展[J], 世界林业研究, 1998,(5): 70~77

146. 邬伦, 刘瑜, 张晶, 韦中亚, 田愿. 地理信息系统——原理、方法和应用[M]. 北京: 科学出版社,2002

147. 吴延熊. 区域森林资源可持续发展动态评价的理论探讨[J]. 北京林业大学学报, 1999, 21(1): 62~67

148. 魏宏森,曾国屏. 系统论[M]. 北京:清华大学出版社,1999

149. 肖寒,欧阳志云,赵景柱,等. 森林生态系统服务功能及其生态经济价值评估初探—以海南岛尖峰岭热带森林为例应用[J]. 应用生态学报,2000,11(4)：481～482

150. 肖兴威. 适应新形势,采取新举措,全面推进森林资源监测工作再上新水平[J]. 林业资源管理,2003,(3):2～7

151. 肖兴威. 中国森林资源与生态状况综合监测体系建设的战略思考[J].林业资源管理,2004,(3)：1～5

152. 肖兴威,姚昌恬,陈雪峰,等. 美国森林资源清查的基本做法和启示[J]. 林业资源管理,2005,(2)：27～33

153. 肖兴威. 认清形势,强化措施,全力搞好新时期森林资源管理工作[J]. 林业资源管理,2005,(1):1～4

154. 肖兴威. 中国森林资源清查[M]. 北京:中国林业出版社,2005

155. 谢利玉. 林业数表的概念及其特点[J]. 林业资源管理,1998,(4)：34～37

156. 谢金生,徐秋生,曹建华,等. 区域可持续林业评价指标体系及评价标准的研究[J],江西农业大学学报,1999,21(3):443～446

157. 徐帮学. 林业项目可行性研究与经济评价手册[K]. 长春:吉林摄影出版社,2003

158. 徐国祯. 林业发展的形势、问题和任务[J]. 中南林业调查规划,2001,20(4):1～5

159. 徐国祯,黄山如. 林业系统工程[M]. 北京:中国林业出版社,1992

160. 许国志,等. 系统科学[M]. 上海:上海科技教育出版社,2000

164. 薛惠芬,周燕遐. 数据仓库技术在海洋环境信息管理中的应用研究[J]. 海洋通报,2005,24(3)：66～72

162. 严承高. 中国湿地资源特点与保护对策[J]. 林业资源管理,1995,(6)：1～4

163. 杨建洲. 森林可持续经营的基本途径[J]. 林业经济,2001,(9)：27～29

164. 杨文士. 管理学原理[M]. 北京:中国人民大学出版社,2004

165. 杨学民,姜志林,张慧. 徐州市林业可持续发展评价[J]. 福建林学院学报,2003,23(2)：177～181

166. 姚顺彬. 地理数据库及其在森林资源调查中的应用设想[J]. 林业资源管理,2004,(1)：50～53

167. 叶荣华,周卫东,黄国胜,等. 国家森林资源和生态环境综合监测及评价体系的一个技术方案[J]. 林业资源管理,2000,(3):17～21

168. 易淮清. 中国林业调查规划设计发展史[M]. 长沙:湖南出版社,1991

169. 余新晓,秦永胜,陈丽华,等. 北京山地森林生态系统服务功能及其价值初步研究[J]. 生态学报,2002,22(5):783～786

170. 张万里,李雷鸿. 大兴安岭新林林业局可持续发展能力评价[J]. 东北林业大学学报,2000,28(5)：125～129

171. 曾伟生. 遥感技术在森林资源清查中的应用问题探讨[J]. 中南林业调查规划,2004,23(1):47～49

172. 曾伟生. 云南省森林生物量与生产力研究[J]. 中南林业调查规划,2005,24(4):1～3

173. 曾伟生,廖志云. 关于连清中森林资源动态的判定问题[J]. 中南林业调查规划,1997,16(2):5～8

174. 曾伟生,周佑明. 森林资源一类和二类调查存在的主要问题与对策[J]. 中南林业调查规划,

Research on Integrated Monitoring Forest Resources and Ecological Status in China

2003, 22(4): 8~11

175. 张宝莉, 徐玉新. 环境管理与规划[M]. 北京:中国环境科学出版社,2004

176. 张怀清, 鞠洪波, 陈永富. 林业资源环境网络在线决策支持系统研究[J]. 林业科学研究, 2002, 15(6): 637~643

177. 张会儒, 唐守正. 德国森林资源和环境监测技术体系及其借鉴[J]. 世界林业研究, 2002, 15(2): 63~70

178. 张慧春, 周宏平, 郑加强,等. "精确林业"的发展及其应用前景[J]. 世界林业研究, 2004, 17(5): 13~16

179. 张建国. 现代林业论[M]. 北京: 中国林业出版社, 1996

180. 张建辉, 吴忠勇, 王文杰,等. 农业生态监测目标与监测指标体系选择探讨[J]. 中国环境监测, 1996, 12(1): 3~6

181. 张坤民, 温宗国, 杜斌,等. 生态城市评估与指标体系[M]. 北京: 化学工业出版社, 2003

182. 张敏, 黄国胜, 王雪军. 应用层次分析法进行森林自然性评价的探讨[J]. 林业资源管理, 2004, (3): 25~28

183. 张宁红, 戢启宏, 郝英群,等. 环境监测[M]. 北京: 中国环境科学出版社, 2003

184. 张胜邦. 建立沙漠化监测体系的探讨[J]. 陕西林业科技, 1996, (2): 34~36

185. 张守攻. 可持续发展—21世纪经济建设的基本行为准则[J]. 世界林业研究, 1997

186. 张守功, 朱春全, 肖文发. 森林可持续经营导论[M]. 北京: 中国林业出版社, 2001

187. 张夏林, 方世明, 汪新庆,等. 数据仓库技术在国土资源信息系统中的应用探讨[J]. 计算机工程, 2004, 27(9): 139~141

188. 张颖. 森林社会效益价值评价研究综述[J].世界林业研究, 2004,17(3) :6~11

189. 张玉贵. 三北防护林及荒漠化遥感监测[M]. 北京:中国林业出版社,1999

190. 张煜星. 林业六大工程五大转变及跨越式发展关系的探讨[J]. 林业资源管理, 2003, (1): 26~28

191. 张煜星, 胡培兴, 何时珍. 美国的林业政策和制度[J]. 世界林业研究, 2005, 18(1): 65~67

192. 张云涛. 数据挖掘原理与技术[M]. 北京: 电子工业出版社,2004

193. 张战勇, 王迪海, 李树琴,等. GIS在林业生态工程项目信息管理中的应用[J]. 陕西林业科技, 2004, (3): 71~73

194. 赵宪文. 林业遥感定量估测[M]. 北京:中国林业出版社,1997

195. 赵宪文, 李崇贵. 基于"3S"的森林资源定量估测－原理、方法、应用及软件实现[M]. 北京: 中国科学技术出版社,2001

196. 郑人杰. 实用软件工程（第二版）[M]. 北京:清华大学出版社,1997

197. 郑小贤. 德国、奥地利和法国的多目的森林资源监测述评[J]. 北京林业大学学报, 1997, 19(3): 79~84

198. 郑小贤. 森林资源经营管理方法体系的若干考察[J]. 林业资源管理, 1997,(4):13~16

199. 郑小贤. 瑞典、瑞士和芬兰多目的森林环境监测[J]. 世界林业研究, 1997,(2):58~65

200. 中共中央, 国务院. 关于加快林业发展的决定[R]. 2003

201. 中国可持续发展林业战略研究项目组. 中国可持续发展林业战略研究总论[R]. 北京: 中国林业出版社, 2002

202. 中国可持续发展林业战略研究项目组. 中国可持续发展林业战略研究森林问题卷[R]. 北京:

中国林业出版社，2003

203. 中国生物多样性履约协调组办公室. 生物多样性保护与履行《生物多样性公约》简报[J]. 生物多样性，1997，(4): 19

204. 钟全林，谢利玉，邱水文. 生态公益林类型及效益评价指标体系研究[J]. 江西农业大学学报，1999，21(10: 103~106

205. 周昌祥，石军南，刘龙惠，等. 德国、瑞士森林资源监测技术考察报告[J]. 林业资源管理，1994，(4): 74~80

206. 周光召，牛文元. 中国可持续发展战略[M]. 北京: 西苑出版社，2005

207. 周生贤. 大力推进科技进步和创新为实现林业跨越式发展提供强大支撑[J]. 中国林业，2001，(7A): 3~10

208. 周生贤. 坚持科学发展观正确处理林业发展中的几个重要关系[N].中国绿色时报，2004

209. 周生贤. 当前林业的形势与任务[N]. 中国绿色时报，2005

210. 周生贤. 深化认识，分类指导，全力打好相持阶段林业发展攻坚战[N].中国绿色时报，2005

211. 朱春全，张守攻. 中国制定与验证森林可持续经营标准与指标体系的进展—面向21世纪的林业[M]. 北京: 中国农业科技出版社，2001

212. 朱胜利. 国外森林资源调查监测的现状和未来发展特点[J]. 林业资源管理，2001，(2): 21~26

213. 注册咨询工程师考试教材编写委员会. 工程咨询概论[M]. 北京: 中国计划出版社，2003

214. 中华人民共和国防沙治沙法[S].2001

215. 中华人民共和国森林法[S].1998

216. 中华人民共和国森林法实施条例[S].2001

217. 中华人民共和国野生动物保护法[S].1988

218. 2004年中国可持续发展战略报告. http://www.zydl.net/zhaoyue/2004zgkcxfz/index.html

219. 濒危野生动植物物种国际贸易公约[S/OL]. http://www.cites.org/eng/parties/alphabet.shtml

220. 国家林业局.国家林业局关于进一步加强森林资源管理工作的意见[EB/OL]. http://www.gnsb.net/news/

221. 国土资源大调查http://www.mlr.gov.cn/GuotuPortal/appmanager/guotu/ddc?_nfpb=true&_ pageLabel=ddc_overview_page

222. 京都议定书[S/OL]. http://unfccc.int/resource/kpstats.pdf

223. 拉姆萨尔公约[S/OL]. http://www.ramsar.org/key_cp_e.htm

224. 联合国防治荒漠化公约[S/OL]. http://www.unccd.int/convention/ratif/ doeif.php ?sortby=name

225. 联合国气候变化框架公约[S/OL]. http://unfccc.int/resource/eonv/ratlist.pdf

226. 生物多样性公约[S/OL]. http://www.biodiv.org/world/parties.asp

227. 世界遗产公约[S/OL]. http://whc.unesco.org/nwhc/pages/doc/main.htm

228. 中国地质调查局. http://www.cgs.gov.cn/ABOUT/jianjie/jianjie.htm

229. 中国环境监测. http://www.cnemc.cn/country/index.asp?id=1&cid=5

230. 中国森林生态系统定位研究网络. http://www.cfern.org/wldt/wldtDisplay.asp?Id=466

231. 中国水土保持监测网. http://www.cnscm.org/shuibao/includ/detail_2.asp?DocID=5331

232. 中华人民共和国2005年国民经济和社会发展统计公报[S/OL]. http://news.xinhuanet.com/fortune/2006-02/28/content_4238121.htm

233. Claudia Imhoff（美）.数据仓库设计[M]. 于戈等译. 北京: 机械工业出版社，2004

234. 10th World Forestry Congress, *Forests Heritage for the Future*, Paris, 1991,September 17~26

235. First International Conference, *Geospatial Technologies in Agriculture and Forestry*, Preliminary Program. Florida. USA, 1~3, June 1998

236. Food and Agriculture Organization of the United Nation, *State of the World's Forests*, 1995~2005

237. *Forest Ecosystem Health in the Inland*. New York: Food Products Press. 65~86

238. International Union of Forestry Research Organizations, *Proceedings of the IUFRO Centennial Meeting*. Berlin, August 31~September 4, 1992

239. International Union of Forestry Research Organizations, Society of American Foresters, International Conference on the Inventory and Monitoring of Forested Ecosystems. Idaho, USA, August 16~20.1998

240. International Union of Forestry Research Organizations, *International Guidelines for Forest Monitoring IUFRO World Series Vol. 5*. Vienna 1994

241. International Union of Forestry Research Organizations, *Remote Sensing and Permanent Plot*. IUFRO, S4.02-05.International Guidelines for Forest Monitoring. Vienna, Austria, 1994:15~16

242. Joint Research Centre, Commission the European Communities, *World Forest Watch Conference Proceedings*. Brazil, May 27~29,1992

243. Kleinn C, Dees.M, Polley H. *Forest Inventory and Survey Systems in Germany*. Federal Ministry of Food, Agri-culture and Forestry, Bonn, 1998

244. Laarvan A, Akca A. *Forest Mensuration*. Cuvillier Verlag Goettingen, 1997

245. O'Laughlin J., Livingston RI., The1r R., et al. *Defining and Measuring Forest Health. In: Sampson ed. Assessing Forest Ecosystem Health in the Inland*[M]. New York: Food Products Press. 65~86

246. State Forestry Administration-P. R.China, *National Assessment of China's Progress in Implementing the IPF/IFF proposals for Action*,2002

247. *Techniques for World Forest Monitoring*, Proceedings of the UIFRO S4. 02. 05. Thailand, 13~17 January 1992

248. Xia C. Z, Xiong L. Y. *Remote Sensing Approach to Estimating Net Primary Productivity of Temperate Deciduous Forest in Northeast China*. IEEE 2004 International Geoscience and Remote Sensing Symposium, IGARSS 2004

249. The Santiago Agreement. *Criteria and Indicators for the Conservation and Sustainable Management of Temperate and Boreal Forests*[J]. J For, 1995,93(4):18~21

中国森林资源和生态状况综合监测研究